软件供应链安全
源代码缺陷实例剖析

奇安信代码安全实验室◎著

电子工业出版社
Publishing House of Electronics Industry
北京·BEIJING

内 容 简 介

源代码缺陷是指在软件开发生命周期的编码阶段,产生的有意或者无意的缺陷。为了便于读者更好地了解各种缺陷的基本特性,本书根据缺陷产生的原因、造成的结果以及表现形式等因素,将 60 种重要且常见缺陷分为 3 大类:输入验证类、资源管理类和代码质量类。

全书分为 4 章,第 1 章概述了源代码缺陷的基本概念、发现缺陷的方法、自动化缺陷检测技术、缺陷处置流程、缺陷种类划分、代码审计工具、代码安全保障技术趋势;第 2 章至第 4 章通过具体实例依次介绍了各类缺陷的原理、危害、在代码中的表现形式及修复建议。

本书适合有一定计算机编码基础和网络安全基础的读者阅读,也适合作为网络安全爱好者的参考书。

未经许可,不得以任何方式复制或抄袭本书之部分或全部内容。
版权所有,侵权必究。

图书在版编目(CIP)数据

软件供应链安全:源代码缺陷实例剖析 / 奇安信代码安全实验室著. —北京:
电子工业出版社,2021.8
ISBN 978-7-121-41697-2

Ⅰ. ①软… Ⅱ. ①奇… Ⅲ. ①源代码—研究 Ⅳ.①TP311.52

中国版本图书馆 CIP 数据核字(2021)第 153853 号

责任编辑:戴晨辰
印　　刷:北京天宇星印刷厂
装　　订:北京天宇星印刷厂
出版发行:电子工业出版社
　　　　　北京市海淀区万寿路 173 信箱　　邮编:100036
开　　本:720×1000　1/16　　印张:13　　字数:226 千字
版　　次:2021 年 8 月第 1 版
印　　次:2022 年 1 月第 2 次印刷
定　　价:69.80 元

凡所购买电子工业出版社图书有缺损问题,请向购买书店调换。若书店售缺,请与本社发行部联系,联系及邮购电话:(010)88254888,88258888。
质量投诉请发邮件至 zlts@phei.com.cn,盗版侵权举报请发邮件至 dbqq@phei.com.cn。
本书咨询联系方式:dcc@phei.com.cn。

编委会

主　　任　　黄永刚　　刘　洋
副 主 任　　韩　建　　章　磊　　董国伟　　尹　磊
编　　委　　吴　迪　　付　威　　赵艺伟　　申少华
　　　　　　裴智勇

前言

数字化时代,软件无处不在。软件如同社会中的"虚拟人",已经成为支撑社会正常运转的基本元素之一,软件的安全性问题也随之变得更加重要。

随着软件产业的快速发展,软件供应链愈发复杂多元,而复杂的软件供应链会引入一系列安全问题,导致信息系统的整体安全防护难度越来越大。近年来,针对软件供应链的安全攻击事件呈快速增长态势,造成的危害也越来越大。

软件供应链可划分为开发、交付、运行三大环节,每个环节都可能会引入供应链安全风险,上游环节的安全问题会传递到下游环节。开发环节作为软件供应链的上游环节,其重要性不言而喻。从软件开发环节入手,尽早发现和消减安全问题,防患于未然,已经成为业界共识。因此,保障软件源代码安全正逐步成为安全领域的一项重要工作。其中,源代码安全缺陷审计与分析是保障软件源代码安全的重要基础性方法。该方法一般指在软件发布之前,软件开发或安全技术团队使用静态应用安全测试(SAST)工具扫描代码,对扫描结果进行审计,判断其中的安全缺陷,并对这些缺陷进行修复。通过该方法能够尽可能全面地发现并解决软件源代码中的安全缺陷,从而降低后期缺陷修补的成本,增强软件的安全性。

本书基于奇安信代码安全实验室在源代码缺陷和漏洞分析领域十余年的研究积累和工程经验编写而成。本书针对 CWE、OWASP 等标准中一系列常见的代码安全缺陷类型,结合实例和工具使用进行详细介绍,旨在与广大软件开发者和安全技术人员分享代码安全审计的经验，提供基础性的参考教程。

本书共包括 4 章内容。第 1 章概述了源代码缺陷的基本概念、发现缺陷的方法、自动化缺陷检测技术、缺陷处置流程、缺陷种类划分、代码审计工具、代码安全保障技术趋势。第 2 章至第 4 章通过具体实例依次介绍了各类缺陷的原理、危害、在代码中的表现形式及修复建议。

本书包含配套源代码资源，读者可登录华信教育资源网（www.hxedu.com.cn）注册后免费下载，或扫描二维码下载使用。

源代码

最后，特别感谢奇安信集团黄永刚、韩建、章磊、董国伟、吴迪、付威、赵艺伟、申少华、裴智勇、刘洋、尹磊等积极组织本书的出版。同时，本书的顺利出版还离不开电子工业出版社戴晨辰编辑的大力支持，以及其他工作人员的辛勤付出，在此向他们一并表示感谢。由于作者水平有限，不妥之处在所难免，恳请网络安全业界专家、广大读者朋友批评指正，共同为我国网络空间安全科普与教育事业贡献力量！

作　者

目录

第1章 概述 1
  1.1 缺陷的基本概念 1
  1.2 发现缺陷的方法 2
  1.3 自动化缺陷检测技术 4
  1.4 缺陷处置流程 5
  1.5 缺陷种类划分 6
    1.5.1 输入验证类 6
    1.5.2 资源管理类 8
    1.5.3 代码质量类 10
  1.6 代码审计工具使用实例 11
    1.6.1 任务配置页面 11
    1.6.2 检测结果页面 13
  1.7 代码安全保障技术趋势前瞻 14
    1.7.1 基于人工智能技术的代码安全分析 14
    1.7.2 面向安全的软件代码成分分析 15
    1.7.3 面向 DevSecOps 的代码安全测试 15

1.7.4 交互式应用安全测试 ································· 16

第 2 章 输入验证类缺陷分析 ································· 17

2.1 SQL 注入 ································· 17
2.1.1 SQL 注入的概念 ································· 17
2.1.2 SQL 注入的危害 ································· 17
2.1.3 实例代码 ································· 18
2.1.4 如何避免 SQL 注入 ································· 20

2.2 XML 外部实体注入 ································· 20
2.2.1 XML 外部实体注入的概念 ································· 20
2.2.2 XML 外部实体注入的危害 ································· 21
2.2.3 实例代码 ································· 21
2.2.4 如何避免 XML 外部实体注入 ································· 24

2.3 命令注入 ································· 24
2.3.1 命令注入的概念 ································· 24
2.3.2 命令注入的危害 ································· 25
2.3.3 实例代码 ································· 26
2.3.4 如何避免命令注入 ································· 28

2.4 XPath 注入 ································· 28
2.4.1 XPath 注入的概念 ································· 28
2.4.2 XPath 注入的危害 ································· 28
2.4.3 实例代码 ································· 29
2.4.4 如何避免 XPath 注入 ································· 32

2.5 LDAP 注入 ································· 32
2.5.1 LDAP 注入的概念 ································· 32
2.5.2 LDAP 注入的危害 ································· 33
2.5.3 实例代码 ································· 33
2.5.4 如何避免 LDAP 注入 ································· 37

2.6 JSON 注入 ································· 37

- 2.6.1 JSON 注入的概念 ································· 37
- 2.6.2 JSON 注入的危害 ································· 38
- 2.6.3 实例代码 ··· 38
- 2.6.4 如何避免 JSON 注入 ······························ 40

2.7 XQuery 注入 ·· 40
- 2.7.1 XQuery 注入的概念 ······························· 40
- 2.7.2 XQuery 注入的危害 ······························· 40
- 2.7.3 实例代码 ··· 41
- 2.7.4 如何避免 XQuery 注入 ···························· 43

2.8 HTTP 响应截断 ·· 43
- 2.8.1 HTTP 响应截断的概念 ····························· 43
- 2.8.2 HTTP 响应截断的危害 ····························· 44
- 2.8.3 实例代码 ··· 45
- 2.8.4 如何避免 HTTP 响应截断 ·························· 46

2.9 不安全的反序列化（XStream） ···························· 46
- 2.9.1 不安全的反序列化（XStream）的概念 ··············· 46
- 2.9.2 不安全的反序列化（XStream）的危害 ··············· 46
- 2.9.3 实例代码 ··· 47
- 2.9.4 如何避免不安全的反序列化（XStream） ············· 49

2.10 动态解析代码 ··· 49
- 2.10.1 动态解析代码的概念 ······························ 49
- 2.10.2 动态解析代码的危害 ······························ 49
- 2.10.3 实例代码 ·· 50
- 2.10.4 如何避免动态解析代码 ···························· 51

2.11 ContentProvider URI 注入 ······························· 52
- 2.11.1 ContentProvider URI 注入的概念 ················· 52
- 2.11.2 ContentProvider URI 注入的危害 ················· 52
- 2.11.3 实例代码 ·· 52

2.11.4　如何避免 ContentProvider URI 注入 ·············· 54

2.12　反射型 XSS ·············· 54
2.12.1　反射型 XSS 的概念 ·············· 54
2.12.2　反射型 XSS 的危害 ·············· 55
2.12.3　实例代码 ·············· 56
2.12.4　如何避免反射型 XSS ·············· 57

2.13　存储型 XSS ·············· 58
2.13.1　存储型 XSS 的概念 ·············· 58
2.13.2　存储型 XSS 的危害 ·············· 58
2.13.3　实例代码 ·············· 59
2.13.4　如何避免存储型 XSS ·············· 61

2.14　弱验证 ·············· 62
2.14.1　弱验证的概念 ·············· 62
2.14.2　弱验证的危害 ·············· 62
2.14.3　实例代码 ·············· 63
2.14.4　如何避免弱验证 ·············· 65

2.15　组件间通信 XSS ·············· 66
2.15.1　组件间通信 XSS 的概念 ·············· 66
2.15.2　组件间通信 XSS 的危害 ·············· 66
2.15.3　实例代码 ·············· 67
2.15.4　如何避免组件间通信 XSS ·············· 68

2.16　进程控制 ·············· 69
2.16.1　进程控制的概念 ·············· 69
2.16.2　进程控制的危害 ·············· 69
2.16.3　实例代码 ·············· 70
2.16.4　如何避免进程控制 ·············· 72

2.17　路径遍历 ·············· 72
2.17.1　路径遍历的概念 ·············· 72

- 2.17.2 路径遍历的危害 ··· 72
- 2.17.3 实例代码 ··· 73
- 2.17.4 如何避免路径遍历 ··· 75

2.18 重定向 ··· 76
- 2.18.1 重定向的概念 ·· 76
- 2.18.2 重定向的危害 ·· 76
- 2.18.3 实例代码 ··· 77
- 2.18.4 如何避免重定向 ·· 79

2.19 日志伪造 ··· 79
- 2.19.1 日志伪造的概念 ·· 79
- 2.19.2 日志伪造的危害 ·· 79
- 2.19.3 实例代码 ··· 79
- 2.19.4 如何避免日志伪造 ··· 81

第3章 资源管理类缺陷分析 ··· 82

3.1 缓冲区上溢 ·· 82
- 3.1.1 缓冲区上溢的概念 ·· 82
- 3.1.2 缓冲区上溢的危害 ·· 82
- 3.1.3 实例代码 ·· 83
- 3.1.4 如何避免缓冲区上溢 ··· 85

3.2 缓冲区下溢 ·· 85
- 3.2.1 缓冲区下溢的概念 ·· 85
- 3.2.2 缓冲区下溢的危害 ·· 86
- 3.2.3 实例代码 ·· 86
- 3.2.4 如何避免缓冲区下溢 ··· 88

3.3 越界访问 ··· 88
- 3.3.1 越界访问的概念 ··· 88
- 3.3.2 越界访问的危害 ··· 88
- 3.3.3 实例代码 ·· 89

3.3.4 如何避免越界访问 ... 90
3.4 释放后使用 ... 91
3.4.1 释放后使用的概念 ... 91
3.4.2 释放后使用的危害 ... 91
3.4.3 实例代码 ... 92
3.4.4 如何避免释放后使用 ... 93
3.5 二次释放 ... 94
3.5.1 二次释放的概念 ... 94
3.5.2 二次释放的危害 ... 94
3.5.3 实例代码 ... 95
3.5.4 如何避免二次释放 ... 96
3.6 内存泄漏 ... 97
3.6.1 内存泄漏的概念 ... 97
3.6.2 内存泄漏的危害 ... 97
3.6.3 实例代码 ... 98
3.6.4 如何避免内存泄漏 ... 99
3.7 文件资源未释放 ... 99
3.7.1 文件资源未释放的概念 ... 99
3.7.2 文件资源未释放的危害 ... 99
3.7.3 实例代码 ... 100
3.7.4 如何避免文件资源未释放 ... 101
3.8 流资源未释放 ... 101
3.8.1 流资源未释放的概念 ... 101
3.8.2 流资源未释放的危害 ... 102
3.8.3 实例代码 ... 102
3.8.4 如何避免流资源未释放 ... 105
3.9 错误的资源关闭 ... 105
3.9.1 错误的资源关闭的概念 ... 105

- 3.9.2 错误的资源关闭的危害 … 106
- 3.9.3 实例代码 … 106
- 3.9.4 如何避免错误的资源关闭 … 107

3.10 重复加锁 … 107
- 3.10.1 重复加锁的概念 … 107
- 3.10.2 重复加锁的危害 … 108
- 3.10.3 实例代码 … 108
- 3.10.4 如何避免重复加锁 … 109

3.11 错误的内存释放对象 … 110
- 3.11.1 错误的内存释放对象的概念 … 110
- 3.11.2 错误的内存释放对象的危害 … 110
- 3.11.3 实例代码 … 111
- 3.11.4 如何避免错误的内存释放对象 … 112

3.12 错误的内存释放方法 … 113
- 3.12.1 错误的内存释放方法的概念 … 113
- 3.12.2 错误的内存释放方法的危害 … 113
- 3.12.3 实例代码 … 114
- 3.12.4 如何避免错误的内存释放方法 … 115

3.13 返回栈地址 … 115
- 3.13.1 返回栈地址的概念 … 115
- 3.13.2 返回栈地址的危害 … 115
- 3.13.3 实例代码 … 116
- 3.13.4 如何避免返回栈地址 … 117

3.14 被污染的内存分配 … 117
- 3.14.1 被污染的内存分配的概念 … 117
- 3.14.2 被污染的内存分配的危害 … 118
- 3.14.3 实例代码 … 118
- 3.14.4 如何避免被污染的内存分配 … 121

3.15 数据库访问控制 122
3.15.1 数据库访问控制的概念 122
3.15.2 数据库访问控制的危害 122
3.15.3 实例代码 122
3.15.4 如何避免数据库访问控制 124

3.16 硬编码密码 125
3.16.1 硬编码密码的概念 125
3.16.2 硬编码密码的危害 125
3.16.3 实例代码 126
3.16.4 如何避免硬编码密码 128

3.17 不安全的随机数 128
3.17.1 不安全的随机数的概念 128
3.17.2 不安全的随机数的危害 129
3.17.3 实例代码 129
3.17.4 如何避免不安全的随机数 131

3.18 不安全的哈希算法 131
3.18.1 不安全的哈希算法的概念 131
3.18.2 不安全的哈希算法的危害 132
3.18.3 实例代码 132
3.18.4 如何避免不安全的哈希算法 135

3.19 弱加密 135
3.19.1 弱加密的概念 135
3.19.2 弱加密的危害 135
3.19.3 实例代码 136
3.19.4 如何避免弱加密 138

3.20 硬编码加密密钥 139
3.20.1 硬编码加密密钥的概念 139
3.20.2 硬编码加密密钥的危害 139

3.20.3　实例代码 139
　　3.20.4　如何避免硬编码加密密钥 140

第4章　代码质量类缺陷分析 141

4.1　有符号整数溢出 141
　　4.1.1　有符号整数溢出的概念 141
　　4.1.2　有符号整数溢出的危害 141
　　4.1.3　实例代码 142
　　4.1.4　如何避免有符号整数溢出 143

4.2　无符号整数回绕 144
　　4.2.1　无符号整数回绕的概念 144
　　4.2.2　无符号整数回绕的危害 144
　　4.2.3　实例代码 145
　　4.2.4　如何避免无符号整数回绕 146

4.3　空指针解引用 147
　　4.3.1　空指针解引用的概念 147
　　4.3.2　空指针解引用的危害 147
　　4.3.3　实例代码 148
　　4.3.4　如何避免空指针解引用 149

4.4　解引用未初始化的指针 149
　　4.4.1　解引用未初始化的指针的概念 149
　　4.4.2　解引用未初始化的指针的危害 149
　　4.4.3　实例代码 150
　　4.4.4　如何避免解引用未初始化的指针 151

4.5　除数为零 151
　　4.5.1　除数为零的概念 151
　　4.5.2　除数为零的危害 152
　　4.5.3　实例代码 152
　　4.5.4　如何避免除数为零 154

XV

4.6 在 scanf()函数中没有对%s 格式符进行宽度限制 ·················· 154
4.6.1 在 scanf()函数中没有对%s 格式符进行宽度限制的概念 ·········· 154
4.6.2 在 scanf()函数中没有对%s 格式符进行宽度限制的危害 ·········· 154
4.6.3 实例代码 ··· 155
4.6.4 如何避免在 scanf()函数中没有对%s 格式符进行宽度限制 ········· 156

4.7 被污染的格式化字符串 ·································· 157
4.7.1 被污染的格式化字符串的概念 ······················· 157
4.7.2 被污染的格式化字符串的危害 ······················· 157
4.7.3 实例代码 ··· 158
4.7.4 如何避免被污染的格式化字符串 ······················· 160

4.8 不当的循环终止 ······································· 160
4.8.1 不当的循环终止的概念 ····························· 160
4.8.2 不当的循环终止的危害 ····························· 160
4.8.3 实例代码 ··· 160
4.8.4 如何避免不当的循环终止 ···························· 162

4.9 双重检查锁定 ··· 162
4.9.1 双重检查锁定的概念 ······························· 162
4.9.2 双重检查锁定的危害 ······························· 162
4.9.3 实例代码 ··· 162
4.9.4 如何避免双重检查锁定 ····························· 165

4.10 未初始化值用于赋值操作 ································ 165
4.10.1 未初始化值用于赋值操作的概念 ···················· 165
4.10.2 未初始化值用于赋值操作的危害 ···················· 165
4.10.3 实例代码 ·· 166
4.10.4 如何避免未初始化值用于赋值操作 ·················· 167

4.11 参数未初始化 ··· 167
4.11.1 参数未初始化的概念 ······························ 167
4.11.2 参数未初始化的危害 ······························ 168

4.11.3 实例代码 ·· 168

4.11.4 如何避免参数未初始化 ·· 169

4.12 返回值未初始化 ·· 169

4.12.1 返回值未初始化的概念 ·· 169

4.12.2 返回值未初始化的危害 ·· 169

4.12.3 实例代码 ·· 170

4.12.4 如何避免返回值未初始化 ·· 170

4.13 Cookie：未经过 SSL 加密 ··· 171

4.13.1 Cookie：未经过 SSL 加密的概念 ··· 171

4.13.2 Cookie：未经过 SSL 加密的危害 ··· 171

4.13.3 实例代码 ·· 172

4.13.4 如何避免 Cookie：未经过 SSL 加密 ·· 174

4.14 邮件服务器建立未加密的连接 ··· 174

4.14.1 邮件服务器建立未加密的连接的概念 ·· 174

4.14.2 邮件服务器建立未加密的连接的危害 ·· 174

4.14.3 实例代码 ·· 175

4.14.4 如何避免邮件服务器建立未加密的连接 ·· 176

4.15 不安全的 SSL：过于广泛的信任证书 ··· 176

4.15.1 不安全的 SSL：过于广泛的信任证书的概念 ··· 176

4.15.2 不安全的 SSL：过于广泛的信任证书的危害 ··· 177

4.15.3 实例代码 ·· 177

4.15.4 如何避免不安全的 SSL：过于广泛的信任证书 ······································· 179

4.16 Spring Boot 配置错误：不安全的 Actuator ··· 179

4.16.1 Spring Boot 配置错误：不安全的 Actuator 的概念 ··································· 179

4.16.2 Spring Boot 配置错误：不安全的 Actuator 的危害 ··································· 179

4.16.3 实例代码 ·· 180

4.16.4 如何避免 Spring Boot 配置错误：不安全的 Actuator ······························ 180

4.17 未使用的局部变量 ·· 181

- 4.17.1 未使用的局部变量的概念 ... 181
- 4.17.2 未使用的局部变量的危害 ... 181
- 4.17.3 实例代码 ... 181
- 4.17.4 如何避免未使用的局部变量 ... 182

4.18 死代码 ... 182
- 4.18.1 死代码的概念 ... 182
- 4.18.2 死代码的危害 ... 183
- 4.18.3 实例代码 ... 183
- 4.18.4 如何避免死代码 ... 184

4.19 函数调用时参数不匹配 ... 184
- 4.19.1 函数调用时参数不匹配的概念 ... 184
- 4.19.2 函数调用时参数不匹配的危害 ... 184
- 4.19.3 实例代码 ... 184
- 4.19.4 如何避免函数调用时参数不匹配 ... 186

4.20 不当的函数地址使用 ... 186
- 4.20.1 不当的函数地址使用的概念 ... 186
- 4.20.2 不当的函数地址使用的危害 ... 186
- 4.20.3 实例代码 ... 186
- 4.20.4 如何避免不当的函数地址使用 ... 188

4.21 忽略返回值 ... 188
- 4.21.1 忽略返回值的概念 ... 188
- 4.21.2 忽略返回值的危害 ... 188
- 4.21.3 实例代码 ... 189
- 4.21.4 如何避免忽略返回值 ... 190

第 1 章
概述

1.1 缺陷的基本概念

源代码缺陷指在软件开发生命周期的编码阶段,产生的有意或者无意的缺陷。这些缺陷以不同形式存在于软件源代码中,一旦被恶意主体所利用,就会对软件或者操作系统的安全造成损害。

导致源代码存在缺陷的原因有很多,主要可以归纳为以下几方面。

(1) 由于受程序设计人员个人开发经验和技术能力的限制,难免在开发过程中引入某些不足和错误,即使优秀的开发人员也会犯错。此外,不是每一个开发人员都对安全知识有着足够的了解,缺少安全知识和安全开发经验也是造成源代码中存在缺陷的重要原因之一。

(2) 产品引入了某些开源的项目,导致引入安全漏洞。开源软件是软件供应链的重要组成部分。据 Gartner 调查显示,99%的组织在其 IT 系统中使用了开源软件。很多情况下,一个产品的开发方式可以为自主开发、开源提供、外包开发等方式。使用开源组件提高了软件开发的效率,同时也放大了软件系统的攻击面,一个组件的漏洞常常会导致依赖该组件的软件系统受到攻击威胁,攻击者只需要找到软件供应链的一个突破口便可以成功入侵并造成整个链条失陷。

(3) 产品在发布前通常会进行功能测试和性能测试,但往往会忽略安全测试。安全测试指在产品发布前,验证系统是否满足安全需求,发现系统的安全漏洞,并最终把这些漏洞的数量降到最低的一系列过程。而通过分析产品源代码发现缺陷是安全测试中的重要环节，对安全测试的忽略可能导致源代码缺陷。

2005 年，美国总统信息技术咨询委员会关于信息安全的年度报告中就曾指出：美国重要部门使用的软件产品必须加强安全检测，尤其是应该进行软件代码层面的安全检测。而在美国国土安全部（DHS）和美国国家安全局（NSA）的共同资助下，MITRE 公司展开了对软件源代码缺陷的研究工作，并建立了软件源代码缺陷分类库 CWE（Common Weakness Enumeration），以统一分类和标识软件源代码缺陷。

美国 CERT、SANS、OWASP 等第三方研究机构也在软件源代码安全检测领域开展了许多工作，包括：CERT 发布了一系列安全编程（C/C++、Java 等）标准，SANS 和 OWASP 发布了严重代码缺陷 TOP25 和 TOP10，用于指导开发人员进行安全的编码，尽量避免源代码中的安全缺陷。与此同时，美国国家标准与技术研究院（NIST）提出并进行软件保障度量和工具检测项目 SAMATE 的研究，其中源代码缺陷分析是重要组成部分，这个数据库包含实际的软件应用程序和已知的错误或漏洞，便于进行漏洞分析和查找。

为了便于读者更好地认识各种缺陷的基本特性，本书依据对 CVE（通用漏洞披露）数据的分析，以及开源代码检测计划中开源组织的反馈数据，选取 C/C++、Java 语言中的 60 个重要且常见的缺陷类型进行分析，逐类对缺陷的原理、危害、在代码中的表现形式以及修复建议进行描述。

1.2 发现缺陷的方法

在现代软件开发环境下，通常将源代码编译或解析成二进制代码，而后作为信息系统的一部分运行，源代码作为软件的原始形态，其存在的缺陷是导致软件漏洞的原因之一。因此，从源代码中发现缺陷并进行修复的过程，是消减软件漏洞的过程。

发现源代码中的缺陷通常有以下三种方法。

1）人工审计

人工对源代码进行走查，依据缺陷的特征进行查找和分析，从而确定是否存在缺陷。

人工审计方式的优势体现在可以发现与业务逻辑等相关的缺陷,这些缺陷与软件实际业务关系紧密,不易形成缺陷模式并固化到自动化检测工具中。

但人工审计对人员的要求非常高,需要相关人员熟悉软件业务、能够读懂源代码且具有丰富的安全知识。即便如此,在面对巨大的源代码量时,单纯通过人工审计的方式难以在有限的时间内发现全部的问题。对于一个项目,很可能会经历较长的时间跨度,经历人员的频繁迭代,因此人工审计发现缺陷的困难度较高。

2)工具审计

工具审计指通过运行源代码缺陷检测工具,自动地发现源代码中存在的缺陷。

自动化检测工具以源代码或者其他工具可接受的中间表示作为输入内容,分析后输出缺陷。自动化检测工具通常内置多种检测规则,在接收到输入内容后,将输入内容转变为易于扫描分析的数据结构,然后使用静态分析技术对其进行分析,从而发现源代码中存在的符合一定模式的缺陷。

这种方法较人工审计效率更高,但存在准确性问题。使用工具检测或多或少会存在误报或者漏报的情况。因此,自动化检测工具开发者仍需不断优化检测技术和检测规则,以降低误报和漏报。

3)人工审计与工具审计结合

人工审计与工具审计结合指先通过工具审计的方式获取检测结果,然后再人工对检测结果进行复审,从而发现缺陷。

较前面两种方式,人工审计与工具审计结合的方式显然更符合快速发现绝大多数缺陷的需求。这种方式去除了单一使用工具审计方法带来的误报,审计结果更为准确,同时还可以通过人工审计对工具审计结果进行补充,发现更多的缺陷。

目前,国内外已有一些常用的源代码审计工具,这些工具通过静态分析技术对源代码进行解析,同时内置了多种缺陷检测模式,可以自动地发现源代码中存在的缺陷。本书第2章至第4章中的实例使用了奇安信代码卫士对源代码进行自动化检测。

1.3 自动化缺陷检测技术

自动化判断源代码中是否存在缺陷通常采用静态分析的方法。由于静态分析的过程不受程序输入或者执行环境等因素的影响，因此有可能发现传统动态分析方法难以发现的程序漏洞。具体来说，静态分析指在不运行软件的前提下进行的分析过程，分析对象可以是源代码，也可以是可执行代码或某种形式的中间代码（如 Java 程序的字节码）。

本书主要介绍以源代码作为分析对象的静态分析方法。以源代码作为分析对象，一方面，可以在程序开发阶段辅助开发人员发现代码中存在的问题，以便对相应的代码及时做出修改，提高软件的质量，且在程序的开发阶段，程序的源代码是可见的；另一方面，相对于分析程序编译后的代码，对源代码的分析常常可以利用源代码中丰富的语义信息，从而使分析更加全面。使用静态分析方法，可以更加全面地考虑执行路径的信息，因此能够发现更多的缺陷。自动化缺陷检测技术如下。

1）语法分析技术

语法分析指按具体编程语言的语法规则处理词法，分析程序产生的结果并生成语法分析树的过程。这个过程可以判断程序在结构上是否与预先定义的 BNF 范式相一致，即程序中是否存在语法错误。程序的 BNF 范式一般由上下文无关文法描述。支持语法分析的主要技术包括算符优先分析法（自底向上）、递归下降分析法（自顶向下）和 LR 分析法（自左至右、自底向上）等。语法分析是编译过程中的重要步骤，也是其他分析的基础。

2）类型分析技术

类型分析主要指类型检查。类型检查的目的是分析程序中是否存在类型错误。类型错误通常指违反类型约束的操作，如让两个字符串相乘、数组的越界访问等。类型检查通常是静态进行的，但也可以动态进行。编译时进行的类型检查是静态检查。对于一种编程语言，如果它的所有表达式的类型可以通过静态分析确定下来，进而消除类型错误，那么这个语言是静态类型语言（也是强类型语言）。利用静态类型语言开发出的程序可以在运行程序之前消除许多错误，因此程序质量的保障相对容易（但表达的灵活性相对弱）。

3）控制流分析技术

控制流分析的输出是控制流图，通过控制流图可以得到关于程序结构的一些描述，包括条件、循环等信息。控制流图是一个有向图，图中的每个节点对应一个基本块，而边通常对应分支方向。

4）数据流分析技术

数据流分析用于获取有关数据如何在程序的执行路径上流动的信息。在程序的控制流图上，计算出每个节点前、后的数据流信息，通过数据流分析可以生成数据流图。数据流分析广泛应用于静态分析中，可对变量状态（如未使用变量、死代码等）进行分析。同时，污染传播分析也是数据流分析技术的一种应用。

1.4 缺陷处置流程

缺陷处置流程包括发现并确认缺陷、修复缺陷以及回归测试三个主要步骤。

1）发现并确认缺陷

发现缺陷的方法在 1.2 节已经进行了介绍，以下主要描述使用工具检测发现缺陷的情况。

① 与开发流程整合。

源代码缺陷检测工具可以与软件开发流程进行整合，开发人员可以在管理平台中配置好任务计划，检测工具会根据任务计划的设定，自动从 Svn、Git 等代码仓库中获取代码进行检测。检测结束后，可以查看检测结果并进行审计。

② 安全部门实施测试。

除开发人员对源代码进行自测外，安全部门也可进行相关测试。通常，上线测试会由公司安全部门实施。在系统上线前，安全部门要对全部源代码进行一次安全检测和审计，对软件源代码的安全状况进行整体把控，并修复发现的安全缺陷，在代码各项指标达到最初设定的安全目标后方可上线发布。

2）修复缺陷

缺陷的修复通常是由开发人员实施的。检测工具检出的缺陷通常包含等级、详细描述、修复建议、跟踪路径等基本信息。针对不同类型的缺陷，修复方案也不相同。开发人员需要依据缺陷的具体信息，制定修复方案，确认方案无误后可修改源代码，完成缺陷修复。

3）回归测试

最后，还需要对修复后的源代码进行回归测试。回归测试的流程与步骤 1 类似，主要用于确认缺陷是否已经被修复且未引入新的缺陷。

1.5 缺陷种类划分

为了便于读者更好地理解本书介绍的 60 种重要且常见的缺陷，我们综合缺陷产生的原因、造成的结果以及表现形式等因素，将其分为 3 大类：输入验证类、资源管理类、代码质量类。

1.5.1 输入验证类

输入验证类缺陷指程序没有对输入数据进行有效验证所导致的缺陷。通常是因特殊字符、编码和数字表示错误所引起的。从安全角度来看，一切外部来源的数据均应视为不可信的数据，任何输入内容均应在经过严格过滤或验证后，再进行相应的逻辑处理或存储。常见的输入验证类缺陷包括 SQL 注入、XML 外部实体注入、命令注入、XSS（跨站脚本）等，详见本书第 2 章。

1. 缺陷成因

以下概括介绍几种常见缺陷的成因。

（1）注入：几乎任何外部数据源都能成为注入载体，包括环境变量、所有类型的用户参数、外部 Web 服务等。当攻击者可以向解释器发送恶意数据时，注入缺陷产生。注入缺陷通常能在 SQL 命令、LDAP 命令、XPath 命令、OS 命令、XML 解析器等语句中找到。注入缺陷能导致数据丢失、破坏或泄露给无授权方,使无授权方入侵数据库乃至操作系统。

通常情况下,当应用程序存在以下情况时是脆弱的且易受到注入攻击的。

① 用户提供的数据没有经过应用程序验证、过滤或净化。

② 动态查询语句或非参数化的调用在没有上下文转义的情况下用在解释器中。

③ ORM 查询参数中使用了恶意数据,用户在查询时可能获得包含敏感或未授权的数据。

④ 恶意数据直接被使用或连接,如用在 SQL 语句或命令语句中。

实例 1:应用程序在下面存在漏洞的 SQL 构造语句中使用不可信数据。

```
String query = "SELECT * FROM accounts WHERE custID='" + request.getParameter("id") +"'";
```

实例 2:框架应用的盲目信任也可能导致查询语句存在漏洞,如 Hibernate 查询语句(HQL)。

```
Query HQLQuery = session.createQuery("FROM accounts WHERE custID='" + request.getParameter("id") + "'");
```

在这两个实例中,攻击者在浏览器中将 id 参数的值修改成 'anything' OR '1'='1' 。

```
SELECT * FROM accounts WHERE custID='anything' OR '1'='1';
```

这样查询语句的意义就变成了从 accounts 表中返回所有的记录。

(2) XML 外部实体注入:XML 外部实体注入是在对非安全的外部实体数据进行处理时引发的安全问题。攻击者可利用这个缺陷提取数据、执行远程服务器请求、扫描内部系统、造成拒绝服务等。

通常情况下,当应用程序存在以下情况时是脆弱的且易受到 XML 外部实体注入攻击的。

① 应用程序直接接收 XML 文件或者接收 XML 文件上传,特别是接收来自不受信任源的文件,或者将不受信任的数据插入 XML 文件,并提交给 XML 处理器解析。

② XML 处理器启用了文档类型定义(DTD)。

(3) XSS:当应用程序收到含有不可信的数据时,在没有进行适当的验证和转义的情况下，就将数据发送给一个网页浏览器，或者使用可以创建 JavaScript 脚本的浏览器 API，利用用户提供的数据更新现有网页，就会造成 XSS 攻击。XSS 允许攻击者在受害者的浏览器上执行脚本，从而劫持用户会话、危害网站或者将用户重定向到恶意网站。

2. 防范措施

针对输入验证类缺陷，通用的解决方式是对输入进行验证，对输出进行编码。

（1）输入验证导致缺陷的原因是对输入的无条件信任。因此，我们首先需要为所有的输入明确字符集，如 UTF-8；其次识别数据源是否可信。我们应尽可能地在可信系统上执行所有不可信数据源的数据验证。在执行验证前将数据按照常用字符进行编码，所有输入参数、URL、HTTP 请求头等都是需要验证的对象。验证的内容包括数据是否包含超出预期的字符、数据范围、数据长度、数据类型。在基本字符不满足业务规则时，需要对危险字符（<、>、"、'、%、(、)、&、+、\、\'、\"、.）进行额外的控制，如输出编码、使用特定的安全 API 等。

（2）编码是按预先规定的方法将文字、数字或其他对象编成数码。对于程序开发而言，输出编码采用一个标准的、已通过测试的规则，通过语义输出编码方式，对所有返回到客户端的来自应用程序信任边界之外的数据进行编码。针对解释器的查询（SQL、XML 和 LDAP 查询）和操作系统命令，净化所有不可信的数据输出，从而有效减少部分安全问题。

1.5.2 资源管理类

资源管理类缺陷指因程序对内存、文件、流、密码等资源的管理或使用不当而导致的缺陷。常见的资源管理类缺陷包括缓冲区上溢/下溢、资源未释放、内存泄漏、硬编码密码等，详见本书第 3 章。

1. 缺陷成因

以下概括介绍几种常见缺陷的成因。

（1）内存资源的不当使用通常会导致程序运行破坏、提升权限等危害。超出内存边界所引发的安全问题有缓冲区溢出和越界访问。其中缓冲区溢出指针对程序设计缺陷，向程序源缓冲区写入使之溢出的内容（通常是超过缓冲区能保存的最大数据量的数据），从而破坏程序运行或趁着中断之际获取程序乃至系统的控制权，根据溢出边界位置的不同，可分为缓冲区上溢和缓冲区下溢；越界访问指当程序访问一个数组中的元素时，如果索引值超出数组的长度，就会导致访问数组之外的内存，出现越界情况。

（2）由于内存、文件、流等资源管理不当导致的安全问题有内存泄漏、释放后使用、二次释放、错误的内存释放对象等。内存泄漏指动态申请的内存没有进行有效的释放；释放后使用主要指申请的内存被释放后继续被使用的情况；二次释放指对已经释放后的内存进行重复释放；错误的内存释放对象指释放的对象并非动态分配的内存。

（3）密码的管理不当会导致敏感信息泄露。程序中的硬编码密码会带来信息泄露、维护困难等问题，弱加密不能有效保护密码。

2. 防范措施

（1）对不可信数据进行输入和输出控制。在进行内存操作时，检查缓存大小，以确保不会出现超出分配空间大小的危险。

（2）在内存、文件、流等资源使用完毕后应正确释放资源，多次的资源分配且未合理释放会耗尽资源，导致拒绝服务攻击。

（3）锁定是一种同步行为，可确保访问相同资源时多个独立运行的进程和线程不会相互干扰。所有进程和线程都应遵循相同的锁定步骤。如果没有严格遵循这些步骤，那么其他进程和线程可能以原始进程不可见或无法预测的方式修改共享资源。这可能导致数据或内存损坏、拒绝服务等。

（4）为防范对随机数据的猜测攻击，应当使用加密模块中已验证的随机数生成器生成所有的随机数、随机 GUID 和随机字符串。保护主要秘密信息免受未授权的访问并使用相关的政策和流程以实现加、解密的密钥管理，使用 AES 加密算法更为安全。同时，还需要避免使用硬编码密码的方式存储密码。

1.5.3 代码质量类

代码质量类缺陷指由于代码编写不当所导致的缺陷，低劣的代码质量会导致不可预测行为的发生。常见的代码质量类缺陷包括整数问题、空指针解引用、初始化问题、不当的循环终止等，详见本书第 4 章。

1. 缺陷成因

以下概括介绍几种常见缺陷的成因。

（1）整数问题：整数又分为有符号整数和无符号整数，且它们有各自的取值范围。当有符号整数的值超出了有符号整数的取值范围时就会出现溢出，当无符号整数的值超出了无符号整数的取值范围时会发生回绕。

（2）空指针解引用：指针存储的是它指向的变量的地址，而解引用就是引用它指向的变量的值。当指针的值为 NULL 或者未初始化时，对其进行解引用，会导致程序异常崩溃或者出现其他未定义的行为。

（3）初始化问题：变量在使用前应该被初始化，如果没有进行初始化，那么其默认的值是不确定的，使用这个默认值可能会导致出现未定义的行为。而如果这个变量是指针类型且在没有被初始化的情况下进行了解引用，那么会导致空指针解引用。

一般的初始化问题，根据未初始化变量的位置的不同又可分为返回值未初始化、参数未初始化、赋值操作未初始化等。

（4）不当的循环终止：在循环语句中，循环体被重复执行的次数由循环条件所控制。它是一个标量类型表达式，如果控制表达式的值不等于 0，循环条件为 true；反之，循环条件为 false。而当循环条件设置不当时，会导致死循环的产生。

2. 防范措施

代码质量类缺陷是源代码缺陷中非常常见的一类问题，根据不同的表现形式应采取如下有针对性的措施：

在使用整数时，要避免操作结果超出整数的取值范围；

在使用指针时,要判断其是否为空;

初始化问题的发现和解决并不困难,通常在定义或者声明时进行初始化,这是一个良好的编程习惯;

在描述循环问题时,要注意设置恰当的循环条件。

1.6 代码审计工具使用实例

本书中缺陷代码的检测使用了奇安信代码卫士平台。该平台是基于 B/S 架构开发的新一代源代码安全检测系统,企业可通过源代码检测,发现代码开发中的缺陷和漏洞,减小系统上线的安全风险,提升信息系统自身的免疫力。该平台能与代码仓库 Git、Svn、TFS 等整合,实现源代码自动化周期性检测、漏洞管理,为开发人员提供修复建议,帮助开发人员实现代码安全的可视化、自动化、智能化。下面以 Java 语言代码快速检测任务为例简要地介绍代码审计工具的使用方法。

1.6.1 任务配置页面

Java 语言的快速检测任务配置页面如图 1-1 所示。

配置页面各个项目的含义如下。

(1)任务名称:可自定义任务名称,支持数字、英文字母、中文汉字,以及-、_、.符号,任务名称可以重复。

(2)检测语言:显示引擎配置的语言类型,若没有配置,则不显示该语言。此处选择 Java。

(3)JDK 版本:选择和源文件一致的 JDK 版本。

(4)Web 工程:检测源文件是否为 Web 工程。

(5)工程类型:可选择普通工程、Maven 工程或 Gradle 工程。

(6)源代码来源:可选择本地、Svn、Git、TFS、StarTeam、共享目录或 FTP。配置好仓库地址,代码卫士可自动下载代码进行检测。

图 1-1 Java 语言的快速检测任务配置页面

（7）上传文件：上传源代码文件。

（8）检测方式：根据实际情况选择检测模板。

（9）是否携带：设置当前任务是否携带其他任务的审计信息。

（10）访问权限：可选择仅自己或指定人员。具体可参考修改访问权限。

（11）函数白名单：可对用户自定义的函数（如过滤函数）设置白名单，有效降低误报。

（12）例外文件：可设置例外文件，即不参与检测统计的文件。

（13）例外文件夹：可设置例外文件夹，即不参与检测统计的文件夹。

（14）描述：添加本次检测任务的描述信息。

1.6.2 检测结果页面

配置信息输入完毕后，单击"发起检测"按钮，即可发起 Java 语言的快速检测任务，代码审计后的结果如图 1-2 所示。在左侧树状菜单的每个缺陷后会显示该缺陷爆发行最后一次编辑的代码提交者，在右侧上部会显示该文件的源码内容，并会自动定位到缺陷爆发的行数。

图 1-2　代码审计后的结果

检测结果页面右侧下部各功能的含义如下。

（1）跟踪路径表：显示缺陷的函数跟踪信息，帮助用户理解缺陷成因。

（2）跟踪路径图：显示一个文件下的所有缺陷实例的跟踪路径的合集，同分类跟踪路径图。

（3）详细信息：缺陷详细信息描述，方便理解缺陷。

（4）修复建议：缺陷的修复建议。

（5）参考信息：缺陷对应的相关标准或规范（如 CWE）。

（6）缺陷审计：根据实际情况，对缺陷进行审计，审计时可以填写备注信息,也可以不填写。

(7)提交者信息:显示爆发行最后一次编辑的代码提交者信息、提交分支、提交时间、CommitID、提交备注。

1.7 代码安全保障技术趋势前瞻

随着开发模式的不断演进和信息安全趋势的变化,人们对代码安全保障技术提出了规模化、自动化、智能化的要求,以期实现软件快速、安全、自动的发布。

1.7.1 基于人工智能技术的代码安全分析

作为分析、挖掘数据价值的创新方法,人工智能技术可以充分利用、释放数据的价值,从而带来前所未有的增值效应。随着软件复杂度的不断提升,软件的代码数量也在迅速增加,需要从代码中抽象出的数据也越来越多,安全测试往往又依赖于对复杂数据的分析。

虽然利用人工智能技术辅助安全和风险管理者进行代码安全治理的路线目前尚不十分明晰,但是,一些世界顶级的安全厂商已经开始使用人工智能技术在代码安全领域开展一些研究和尝试。例如,对于静态应用安全测试技术(Static Application Security Testing,SAST)产品而言,虽然其应用十分广泛,价值不可否认,但是其误报率较高的问题一直广受业界关注。

引入人工智能技术后,我们可以将 SAST 工具的结果作为输入,不断进行缺陷训练,从而发现误报,然后系统会输出某个置信水平内的误报列表(或排除误报的列表)。为了对其进行进一步的改进,可以通过结果的审计,识别出新的误报并反馈到训练集中,计算出新的模型。随着这种算法的迭代进行,新的信息不断被纳入预测算法中,持续进行改进。IBM 的 SAST 产品提供了针对扫描结果的智能查找分析功能,以消除误报、噪声数据或利用概率低的结果。人工智能技术和传统代码安全技术的结合是代码安全领域的重要发展趋势之一。

1.7.2 面向安全的软件代码成分分析

Forrester Research 的一份研究表明,为了加速应用的开发,开发人员常使用开源组件作为应用基础,因此在开发代码中有 80%到 90%的代码来自开源组件。而 Veracode 在《软件安全报告(第 7 版)》中指出,大约 97%的 Java 应用程序中至少包含一个存在已知漏洞的组件。由此可见,随着开源组件在现代软件中使用的持续增长,以及日益严峻的组件安全问题,开源或第三方组件的发现和管理已经成为应用安全测试(Application Security Testing,AST)解决方案中关键性、甚至强制性的功能之一。

软件代码成分分析(Software Composition Analysis,SCA)技术指通过对软件的组成进行分析,识别出软件中使用的开源和第三方组件(如底层库、框架等),从而进一步发现开源安全风险和第三方组件的漏洞。通常,SCA 的检测目标可以是源代码、字节码、二进制文件、可执行文件等的一种或几种。除了在安全测试阶段采用 SCA 技术对软件进行分析,SCA 技术还可以集成到 MSVC、Eclipse 等 IDE 或 Svn、Git 等版本控制系统中,从而实现对开发者使用开源组件的控制。

SCA 技术和其他 AST 技术的深入融合也是代码安全技术发展的趋势之一。例如,当使用单一 SAST 技术扫描某个项目的源代码之后,我们可能会得到开发人员的反馈:"检测结果中有 90%是开源代码的问题,我处理不了",而当 SAST 技术融合了 SCA 技术之后,开发人员拿到的结果将是开源组件中的已知漏洞信息和实际开发代码中的 SAST 扫描结果。

1.7.3 面向 DevSecOps 的代码安全测试

由于敏捷开发和 DevOps 开发的技术趋势,传统应用安全的形态在不断发生变化。很多具体的技术路线仍然在不断演进,对自动化、工具化、时间控制的要求越来越明显。面向 DevSecOps 的代码安全测试并不是一门全新的技术,但是几乎所有的传统安全测试技术都会因为 DevOps 而产生变化,从而演化出新的产品形态。

由于开发运维的一体化,原本开发人员的一次普通 Tag 或 Merge 操作,也将赋予更多含义。提交代码中的安全问题可能导致一次失败的发布。因此，对代码安全的需求被不断前置。能够在代码编写的同时，发现代码中的安全隐患，从而在第一时间修复，成为 DevSecOps 的基本需求。因此，IDE 插件、轻量级的客户端快速检测模式也成为下一代代码安全产品的标配。

由于大量应用持续集成、部署在 DevOps 中，因此自动、快速进行代码安全测试势在必行。代码安全产品需要与 Jenkins、Bamboo 等持续集成系统，Bugzilla、Jira 等生命周期管理系统进行集成，实现有效的自动化。同时，提供针对代码安全基线的检测，以及增量分析、审计信息携带等功能，可在少量或没有人工参与的情况下，尽可能快速、有效保证软件的安全性。

1.7.4 交互式应用安全测试

SAST 产品通常从源代码层面对程序进行建模和模拟执行分析，但是由于缺少一些必要的运行时信息，因此容易产生较高的误报。动态应用安全测试技术（Dynamic Application Security Testing，DAST）产品虽然能够通过攻击的方式发现一些确实存在的安全问题，但其对应用的覆盖率很低。

交互式应用安全测试（Interactive Application Security Testing，IAST）技术是解决上述问题的一个新的尝试。关于 IAST，Gartner 给出的定义是："IAST 产品结合了 DAST 和 SAST 技术，从而提高测试的准确率（类似于 DAST 对于攻击成功的确认），同时对代码的测试覆盖率达到与 SAST 相似的水平"。IAST 在准确度、代码覆盖率、可扩展性等方面有着独到之处，但其又受限于自身的技术路线，无法在所有场景中替代 DAST 产品。

IAST 产品的解决方案通常包含两个部分：应用探针和测试服务器。应用探针会部署于被测 Web 应用所在的服务器，从而捕获来自用户代码、库、框架、应用服务器、运行时环境中的安全信息，并传输给测试服务器；测试服务器会对收集来的安全数据进行分析，得出漏洞的信息，进而生成报告。另外，值得一提的是，基于这种应用深度探测与分析的技术，还能够实现实时应用层攻击的自我防护，阻断对诸如 SQL 注入、XSS 等漏洞进行的利用和攻击，这就是实时应用程序自我保护（Runtime Application Self-Protection，RASP）技术。

第 2 章
输入验证类缺陷分析

2.1 SQL 注入

2.1.1 SQL 注入的概念

SQL 注入指通过将 SQL 命令插入应用程序的 HTTP 请求，并在服务器端被接收后用于数据库操作，最终达到欺骗服务器执行恶意的 SQL 命令的目的。理论上讲，在应用程序中只要是与数据库有数据交互的地方，无论是进行增、删，还是进行改、查，只要数据完全受用户控制，而应用程序又处理不当，那么这些地方都可能存在 SQL 注入。目前，几乎所有的开发语言（如 Java、PHP、Python、ASP 等）都可以使用 SQL 数据库来存放数据，处理不当就可能导致 SQL 注入问题的发生。本节分析 SQL 注入产生的原因、危害以及修复方法。

2.1.2 SQL 注入的危害

恶意攻击者除了可以利用 SQL 注入漏洞获取数据库中的信息（例如，管理员后台密码、站点的用户个人信息），甚至还可以在数据库权限足够的情况下向服务器中写入一句话木马，从而获取 Webshell 或进一步获取服务器系统权限。CVE 中也有一些与之相关的漏洞信息，如表 2-1 所示。

表 2-1　与 SQL 注入相关的漏洞信息

漏洞编号	漏洞概述
CVE-2021-34187	Camilo 1.11.14 及之前版本存在一个 SQL 注入漏洞。攻击者可通过 main/inc/ajax/model.ajax.php 中的 searchField、filters 或 filters2 参数进行 SQL 注入攻击
CVE-2020-24841	在 PNPSCADA 2.200816204020 中，攻击者可通过/browse.jsp 中的参数 interf 执行 SQL 注入，从而破坏应用程序、访问或修改数据、利用基础数据库中的潜在漏洞实施攻击
CVE-2019-2198	在 Android-8.0、Android-8.1、Android-9 和 Android-10 版本提供的 Download Provider 中可能存在 SQL 注入漏洞。攻击者无须额外执行权限及用户交互，即可利用该漏洞泄露本地信息
CVE-2018-13050	在 Zoho ManageEngine Applications Manager 早于构建版本 13800 的 13.x 版本中存在 SQL 注入漏洞。攻击者可通过/j_security_check POST 请求中的 j_username 参数执行 SQL 注入
CVE-2017-16542	在 Zoho ManageEngine Applications Manager 早于构建版本 13500 的 13.x 版本中存在 SQL 注入漏洞。攻击者可通过 manageApplications.do? method=insert 请求中的 name 参数，在通过身份验证的情况下执行 SQL 注入
CVE-2017-16849	在 Zoho ManageEngine Applications Manager 早于构建版本 13530 的 13.x 版本中存在 SQL 注入漏洞。攻击者可通过/MyPage.do?method= viewDashBoard 中的 forpage 参数执行 SQL 注入
CVE-2017-5570	在 eClinicalWorks Patient Portal 构建版本 13 的 7.0 版本的 MessageJson.jsp 中存在盲注漏洞，不过只允许经过身份验证的用户通过发送 HTTP POST 请求利用该漏洞，使用与 select_loadfile()类似的方法将数据库数据转存到恶意服务器中

2.1.3　实例代码

本节使用实例的完整源代码可参考本书配套资源文件夹，源文件名：CWE89_SQL_Injection__connect_tcp_execute_01.java。（注意：本书代码行号与提供的实例资源一致。）

1）缺陷代码

代码片段 1：

```
50. socket = new Socket("host.example.org", 39544);
51.
52. /* read input from socket */
53.
```

```
54. readerInputStream = new InputStreamReader(socket.
    getInputStream(), "UTF-8");
55. readerBuffered = new BufferedReader(readerInputStream);
56.
57. /* POTENTIAL FLAW: Read data using an outbound tcp
    connection */
58. data = readerBuffered.readLine();
```

代码片段 2：

```
106. Connection dbConnection = null;
107. Statement sqlStatement = null;
108.
109. try
110. {
111.   dbConnection = IO.getDBConnection();
112.   sqlStatement = dbConnection.createStatement();
113.
114.   /* POTENTIAL FLAW: data concatenated into SQL statement
         used in execute(), which could result in SQL Injection */
115. Boolean result = sqlStatement.execute("insert into users
       (status) values ('updated') where name='"+data+"'");
```

可以看到数据在第 54 行被污染，在第 58 行将污染数据传递给 data，data 并未经任何安全处理就在第 115 行直接用于 SQL 拼接，且参与数据库操作，从而导致 SQL 注入的产生。

2）修复代码

```
304. dbConnection = IO.getDBConnection();
305. sqlStatement = dbConnection.prepareStatement("insert into
       users(status) values ('updated') where name=?");
306. sqlStatement.setString(1, data);
307.
308. Boolean result = sqlStatement.execute();
```

上述修复代码的第 305 行执行 SQL 时采用预编译，使用参数化的语句，因此用户的输入就被限制于一个参数中。

2.1.4 如何避免 SQL 注入

（1）使用预编译处理输入参数：要防御 SQL 注入，用户的输入就不能直接嵌套在 SQL 语句中。使用参数化的语句，用户的输入可被限制于一个参数中，实例代码如下。

```
sqlStatement = dbConnection.createStatement();
sqlStatement = dbConnection.prepareStatement("select * from users where username = ?");
sqlStatement.setString(1,data);
```

（2）输入验证：检查用户输入的合法性，以确保输入的内容为正常的数据。数据检查应当在客户端和服务器端都执行，之所以要执行服务器端验证，是因为客户端校验的目的往往只是减轻服务器的压力和提高对用户的友好度，攻击者完全有可能通过抓包修改参数，或在获得网页的源代码后，修改验证合法性的脚本或直接删除脚本，然后将非法内容通过修改后的表单提交给服务器等，从而绕过客户端的校验。因此，要保证验证操作确实已经执行，唯一的办法就是在服务器端也执行验证。但是这些方法很容易出现由于过滤不严导致恶意攻击者绕过过滤的情况，因此需要慎重使用。

（3）错误消息处理：防范 SQL 注入，还要避免出现一些详细的错误消息，恶意攻击者往往会利用这些报错信息来判断后台 SQL 的拼接形式，甚至是直接利用这些报错进行注入攻击，将数据库中的数据通过报错信息显示出来。

（4）加密处理：将用户登录名称、密码等数据加密保存。加密用户输入的数据，然后再将它与数据库中保存的数据比较，这相当于对用户输入的数据进行了"消毒"处理，用户输入的数据不再对数据库有任何特殊的意义，从而也就防止了攻击者注入 SQL 命令。

2.2 XML 外部实体注入

2.2.1 XML 外部实体注入的概念

XML 外部实体注入漏洞也就是我们常说的 XXE 漏洞。XML 是一种使用较为广泛的数据传输格式,很多应用程序都包含处理 XML 数据的代码。默认情况下,很多过时的或配置不当的 XML 处理器都会对外部实体进行引用。如果允许攻击者上传 XML 文档或者在 XML 文档中添加恶意内容,通过易受攻击的代码、依赖项或集成,包含缺陷的 XML 处理器就很可能会被攻击。XXE 漏洞的出现和开发语言无关,只要应用程序中对 XML 数据做了解析,而这些数据又受用户控制,那么应用程序都可能受到 XXE 攻击。本节分析 XXE 漏洞产生的原因、危害以及修复方法。

2.2.2　XML 外部实体注入的危害

XXE 漏洞可能会被用于提取数据、执行远程服务器请求、扫描内部系统、执行拒绝服务攻击等。业务影响主要取决于受影响的引用程序和数据保护需求。CVE 中也有一些与之相关的漏洞信息,如表 2-2 所示。

表 2-2　与 XXE 漏洞相关的漏洞信息

漏洞编号	漏洞概述
CVE-2021-20353	IBM WebSphere Application Server 的 7.0、8.0、8.5 和 9.0 版本在处理 XML 数据时易受 XXE 漏洞攻击。远程攻击者可利用此漏洞泄露敏感信息或消耗内存资源
CVE-2020-7032	Avaya WebLM 7.0 至 7.1.3.6 版本及 8.0 至 8.1.2 版本的管理界面存在 XXE 漏洞,允许经过身份验证的用户通过在 XML 请求中构造 DTD 的方法读取任意文件或执行服务器端请求伪造(SSRF)攻击
CVE-2018-8027	Apache Camel Core 2.20.0 至 2.20.3 版本及 2.21.0 Core 版本的 XSD 验证处理器存在 XXE 漏洞
CVE-2021-33813	在 JDOM 2.0.6 及之前版本中的 SAXBuilder 存在 XXE 漏洞。攻击者可通过特别构造的 HTTP 请求实施攻击,导致拒绝服务
CVE-2018-1000548	在 Umlet 14.3 之前版本的 File 解析中存在 XXE 漏洞,可能造成机密数据泄露、拒绝服务和服务器端请求伪造等影响。攻击者可通过特殊构造的 UXF 文件实施攻击
CVE-2018-1364	IBM Content Bavigator 2.0 和 3.0 版本在处理 XML 数据时,易受 XXE 攻击,可导致敏感信息泄露或内存资源耗尽

2.2.3　实例代码

本节使用实例的完整源代码可参考本书配套资源文件夹,源文件名:

SimpleXXE.java 和 Comments.java。

1）缺陷代码

代码片段 1（SimpleXXE.java）：

```
65.    @RequestMapping(method = POST, consumes = ALL_VALUE,
       produces = APPLICATION_JSON_VALUE)
66.    @ResponseBody
67.    public AttackResult createNewComment(@RequestBody String
       commentStr) throws Exception {
68.        String error = "";
69.        try {
70.            Comment comment = comments.parseXml(commentStr);
71.            comments.addComment(comment, false);
72.            if (checkSolution(comment)) {
73.                return trackProgress(success().build());
74.            }
75.        } catch (Exception e) {
76.            error = ExceptionUtils.getFullStackTrace(e);
77.        }
78.        return trackProgress(failed().output(error).build());
79.    }
```

代码片段 2（Comments.java）：

```
62.    protected Comment parseXml(String xml) throws Exception {
63.        JAXBContext jc =JAXBContext.newInstance(Comment.class);
64.
65.        XMLInputFactory xif = XMLInputFactory.newFactory();
66.        xif.setProperty(XMLInputFactory.IS_SUPPORTING_EXTERNAL_
           ENTITIES, true);
67.        xif.setProperty(XMLInputFactory.IS_VALIDATING, false);
68.
69.        xif.setProperty(XMLInputFactory.SUPPORT_DTD, true);
70.        XMLStreamReader xsr = xif.createXMLStreamReader(new
           StringReader(xml));
71.
```

```
72.        Unmarshaller unmarshaller = jc.createUnmarshaller();
73.        return (Comment) unmarshaller.unmarshal(xsr);
74.    }
```

在代码片段 1 中，从请求中获取 commentStr 参数并将其作为 XML 进行解析，在第 70 行调用 Comment 类中的 parseXml()方法，该方法用于解析 XML。在代码片段 2 的第 65 行使用 XMLInputFactory 解析 XML，在第 66 行设置解析属性，允许解析外部实体，在第 67 行关闭 DTD 验证，在第 69 行使用 XMLInputFactory.SUPPORT_DTD 属性支持 DTD 处理器，在第 70 行以读取 XML 文件的方式读取传入的字符串。以下文本引用了外部 DTD，当传入的内容中包含以下文本时

```
<?xml version="1.0"?>
<!DOCTYPE foo SYSTEM  "file:/dev/tty">
<foo>bar</foo>
...
```

解析器会尝试访问在 SYSTEM 属性中标识的 URL，这意味着它将读取本地 /dev/tty 文件的内容。在 POSIX 系统中，读取这个文件会导致程序阻塞，直到可以通过计算机控制台得到输入数据为止。攻击者可以使用这段恶意的 XML 文本使系统挂起，从而造成拒绝服务攻击或程序崩溃。

2）修复代码

```
62.    protected Comment parseXml(String xml) throws Exception {
63.        JAXBContext jc = JAXBContext.newInstance(Comment.class);
64.
65.        XMLInputFactory xif = XMLInputFactory.newFactory();
66.        xif.setProperty(XMLInputFactory.IS_SUPPORTING_EXTERNAL_
           ENTITIES, false);
67.        xif.setProperty(XMLInputFactory.IS_VALIDATING, true);
68.
69.        xif.setProperty(XMLInputFactory.SUPPORT_DTD, false);
70.        XMLStreamReader xsr = xif.createXMLStreamReader(new
           StringReader(xml));
71.
72.        Unmarshaller unmarshaller = jc.createUnmarshaller();
```

```
73.        return (Comment) unmarshaller.unmarshal(xsr);
74.    }
```

上述修复代码的目的是修改代码片段 2 中的 XML 解析方法。修改 XMLInputFactory 实例的属性，不允许解析外部实体，关闭对 DTD 的处理，开启对 DTD 的校验，这样就可以避免 XML 外部实体注入。

2.2.4　如何避免 XML 外部实体注入

（1）使用轻量级数据格式（如 JSON），避免对敏感数据进行序列化。

（2）及时修复或更新应用程序及底层操作系统使用的所有 XML 处理器和库。同时，通过依赖项检测，将 SOAP 更新到 1.2 版本或更高版本。

（3）在应用程序的所有 XML 解析器中禁用 XML 外部实体和 DTD 进程。

（4）输入校验：在服务器端使用白名单进行输入验证和过滤，以防在 XML 文档、标题或节点中出现恶意数据。

（5）验证 XML 和 XSL 文件上传功能是否使用 XSD 验证或其他类似的验证方法来验证上传的 XML 文件。

（6）使用源代码静态分析工具进行自动化的检测。使用 DAST 工具需要额外的手动步骤来检查和利用 XXE 漏洞，而使用源代码静态分析工具可以通过检测依赖项和安全配置来发现 XXE 漏洞。

2.3　命令注入

2.3.1　命令注入的概念

命令注入指当应用程序所执行命令的内容或部分内容来源于不可信赖的数据源时，程序本身没有对这些不可信赖的数据进行正确、合理的验证和过滤，导致系统执行了恶意命令。在 Java 应用程序中，若敏感函数的参数（如 Runtime.getRuntime().exec(String command)中的 command 参数，该参数可为 OS 命令）由用户控制，则极易造成命令注入。本节分析命令注入产生的原因、危害以及修复方法。

2.3.2 命令注入的危害

命令注入利用应用程序的输入可以执行一些特殊的 OS 命令。例如，使用 cpuinfo 命令查看系统信息，使用 shutdown 命令关闭服务器。CVE 中也有一些与之相关的漏洞信息，如表 2-3 所示。

表 2-3 与命令注入相关的漏洞信息

漏洞编号	漏洞概述
CVE-2021-0358	在 Netdiag（Android-10、Android-11 版本）中很可能存在因输入验证不正确而导致的命令注入漏洞。无须用户交互，攻击者就可以系统执行权限操作，造成本地提权问题
CVE-2020-35476	在 OpenTSDB 2.4.0 及之前版本中，攻击者可通过 yrange 参数中的命令注入触发远程代码执行漏洞。yrange 值被写入 /tmp 目录下的 gnuplot 文件中，之后该文件通过 mygnuplot.sh Shell 脚本执行（虽然 tsd/GraphHandler.java 试图通过拦截反引号的方式阻止命令注入，但无法成功实现阻止）
CVE-2019-8255	Brackets 1.14 及之前版本存在命令注入漏洞，可导致任意代码执行问题
CVE-2021-20026	SonicWall NSM On Prem 2.2.0-R10 及之前版本存在漏洞，身份已验证的攻击者可以使用特殊构造的 HTTP 请求执行系统命令注入攻击
CVE-2018-10900	Network Manager VPNC 插件（即 networkmanager-vpnc）是一款支持连接 Cisco VPN 的虚拟网络管理器，其 1.2.6 之前版本易受提权攻击。该漏洞源于换行字符，可以将 Password helper 参数注入配置数据，并传入 VPNC。攻击者可利用该漏洞以 root 权限执行任意命令
CVE-2018-1000189	CloudBees Jenkins 是美国 CloudBees 公司的一套基于 Java 开发的持续集成工具，它主要用于监控持续的软件版本发布、测试项目，以及执行定时任务。Absint Astree Plugin 是一个静态程序分析插件。在 CloudBees Jenkins Absint Astree Plugin 1.0.5 及之后版本的 AstreeBuilder.java 文件中存在命令执行漏洞，具有总体/读取（Overall/READ）权限的攻击者可在 Jenkins Master 上执行命令
CVE-2018-1335	在 Apache Tika 1.7 至 1.17 版本中，客户端可构造头文件并发送到 tika-server，之后在运行 tika-server 的服务器命令行中注入经过构造的头文件。该漏洞仅影响在对不受信任客户端开放的服务器上运行 tika-server 的用户

2.3.3 实例代码

本节使用实例的完整源代码可参考本书配套资源文件夹,源文件名:CWE78_OS_Command_Injection__Property_01.java。

1)缺陷代码

```
25.    public void bad() throws Throwable
26.    {
27.        String data;
28.
29.        /* get system property user.home */
30.        /* POTENTIAL FLAW: Read data from a system property */
31.        data = System.getProperty("user.home");
32.
33.        String osCommand;
34.        if(System.getProperty("os.name").toLowerCase().indexOf("win") >= 0)
35.        {
36.            /* running on Windows */
37.            osCommand = "c:\\WINDOWS\\SYSTEM32\\cmd.exe /c dir ";
38.        }
39.        else
40.        {
41.            /* running on non-Windows */
42.            osCommand = "/bin/ls ";
43.        }
44.
45.        /* POTENTIAL FLAW: command injection */
46.        Process process = Runtime.getRuntime().exec(osCommand + data);
47.        process.waitFor();
48.
49.    }
```

上述代码的第 31 行使用了 getProperty() 函数获取用户的账户名称，在第 46 行将获取的账户名称和变量 osCommand 进行拼接，并直接执行了拼接的结果。攻击者可在用户的账户名称中存入特殊的 OS 命令进行操作，如删除文件、关闭主机等命令，从而造成命令注入。

2）修复代码

```
57.    private void goodG2B() throws Throwable
58.    {
59.        String data;
60.
61.        /* FIX: Use a hardcoded string */
62.        data = "foo";
63.
64.        String osCommand;
65.        if(System.getProperty("os.name").toLowerCase().indexOf("win") >= 0)
66.        {
67.            /* running on Windows */
68.            osCommand = "c:\\WINDOWS\\SYSTEM32\\cmd.exe /c dir ";
69.        }
70.        else
71.        {
72.            /* running on non-Windows */
73.            osCommand = "/bin/ls ";
74.        }
75.
76.        /* POTENTIAL FLAW: command injection */
77.        Process process = Runtime.getRuntime().exec(osCommand + data);
78.        process.waitFor();
79.
80.    }
```

上述修复代码的第 62 行直接对变量 data 进行赋值，使敏感函数的参数值不由用户控制，当程序执行 exec() 函数时，参数来源于程序内部，这样就避免了命令注入。

2.3.4 如何避免命令注入

（1）程序对非受信的用户输入数据进行净化，删除不安全的字符。

（2）创建一份安全字符串列表，限制用户只能输入该列表的数据。

（3）不要让用户直接控制 eval()、exec()、readObject()等函数的参数。

（4）使用源代码静态分析工具进行自动化检测，可以有效发现源代码中的命令注入问题。

2.4 XPath 注入

2.4.1 XPath 注入的概念

XPath 是一种用来在 XML 文档中导航整个 XML 树的语言，它使用路径表达式来选取 XML 文档中的节点或者节点集。XPath 的设计初衷是作为一种面向 XSLT 和 XPointer 的语言，后来独立成为 W3C 标准。而 XPath 注入指利用 XPath 解析器的松散输入和容错特性，能够在 URL、表单或其他信息上附带恶意的 XPath 查询代码，以获得权限信息的访问权并更改这些信息。XPath 注入与 SQL 注入类似，均是通过构造恶意的查询语句对应用程序进行攻击的。本节分析 XPath 注入产生的原因、危害以及修复方法。

2.4.2 XPath 注入的危害

XPath 注入的危害比 SQL 注入更大。由于在 SQL 中存在权限的概念，因此在程序和数据库中都可以对数据库权限做分配和防护。而 XPath 中的数据管理不受权限控制，在表单中提交恶意的 XPath 代码，就可获取权限限制数据的访问权，并可修改这些数据。构造恶意查询获取到系统内部完整的 XML 文档内容会造成信息泄露。攻击者也可以在获取 XML 文档内容后进行用户权限提升等。CVE 中也有一些与之相关的漏洞信息，如表 2-4 所示。

表 2-4 与 XPath 注入相关的漏洞信息

漏洞编号	漏洞概述
CVE-2019-0370	SAP Financial Consolidation 10.0 和 10.1 版本由于缺少输入验证，因此攻击者能够利用构造的输入干扰查询结构，最终导致 XPath 注入攻击
CVE-2016-6272	在 Epic MyChart 中存在 XPath 注入漏洞。远程攻击者可通过 help.asp 的 topic 参数访问包含静态显示字符串（如字段标签）的 XML 文档内容
CVE-2016-9149	Palo Alto Networks PAN-OS 中的地址对象解析器在早于 5.0.20 的版本、早于 5.1.13 的 5.1.x 版本、早于 6.0.15 的 6.0.x 版本、早于 6.1.15 的 6.1.x 版本、早于 7.0.11 的 7.0.x 版本、早于 7.1.6 的 7.1.x 版本中，出现错误处理单引号字符问题。远程认证用户可通过构造的字符串执行 XPath 注入攻击
CVE-2015-5970	在 Novell ZENworks Configuration Management（ZCM）11.3 和 11.4 版本的 ChangePassword RPC 方法中存在一个 XPath 注入漏洞。远程攻击者可构造查询语句，结合系统实体引用的格式错误执行 XPath 注入攻击并读取任意文本文件

2.4.3 实例代码

本节使用实例的完整源代码可参考本书配套资源文件夹，源文件名：CWE643_XPath_Injection__connect_tcp_01.java。

1）缺陷代码

代码片段 1：

```
51.try
52.{
53.    /* Read data using an outbound tcp connection */
54.    socket = new Socket("host.example.org", 39544);
55.
56.    /* read input from socket */
57.
58.    readerInputStream = new InputStreamReader(socket.getInputStream(), "UTF-8");
59.    readerBuffered = new BufferedReader(readerInputStream);
60.
61.    /* POTENTIAL FLAW: Read data using an outbound tcp connection */
```

```
62.        data = readerBuffered.readLine();
63.}
```

代码片段 2：

```
122.if (data != null)
123.{
124.    /* assume username||password as source */
125.    String [] tokens = data.split("||");
126.    if (tokens.length < 2)
127.    {
128.        return;
129.    }
130.    String username = tokens[0];
131.    String password = tokens[1];
132.    /* build xpath */
133.    XPath xPath = XPathFactory.newInstance().newXPath();
134.    InputSource inputXml = new InputSource(xmlFile);
135.    /* INCIDENTAL: CWE180 Incorrect Behavior Order: Validate Before Canonicalize
136.    *The user input should be canonicalized before validation. */
137.    /* POTENTIAL FLAW: user input is used without validate */
138.    String query = "//users/user[name/text()='" + username +
139.                   "' and pass/text()='" + password + "']" +
140.                   "/secret/text()";
141.    String secret = (String)xPath.evaluate(query, inputXml, XPathConstants.STRING);
142.}
```

上述代码的第 51～63 行，程序进行 tcp 连接并读取 socket 的数据，在第 130 行、第 131 行对从 socket 中读取到的数据进行赋值，并在第 138～140 行构造 XPath 查询语句查询对应的节点。正常情况下（如搜索用户名 guest，密码为 guestPassword 的用户），代码执行的查询如下：

```
//users/user[name/text()='guest'and pass/text()='guestPassword']/secret/text()
```

如果攻击者输入用户名'or 1=1 or "="，密码'or 1=1 or "="，那么该查询会变成：

```
//users/user[name/text()="or 1=1 or "=" and pass/text()="or
1=1 or "="] /secret/text()
```
这个字符串会在逻辑上使查询一直返回 true 并将一直允许攻击者访问系统，因此该查询在逻辑上将等同于一个更为简化的查询：

```
//secret/text()
```
这样就可以查询到文档中存储的所有 secret 节点的信息。

2）修复代码

```
122.if (data != null)
123.{
124.    /* assume username||password as source */
125.    String [] tokens = data.split("||");
126.    if (tokens.length < 2)
127.    {
128.        return;
129.    }
130.    String username = ESAPI.encoder().encodeForXPath
        (tokens[0]);
131.    String password = ESAPI.encoder().encodeForXPath
        (tokens[1]);
132.    /* build xpath */
133.    XPath xPath = XPathFactory.newInstance().newXPath();
134.    InputSource inputXml = new InputSource(xmlFile);
135.    /* INCIDENTAL: CWE180 Incorrect Behavior Order: Validate
        Before Canonicalize
136.    * The user input should be canonicalized before
        validation. */
137.    /* POTENTIAL FLAW: user input is used without validate */
138.    String query = "//users/user[name/text()='" + username +
139.                   "' and pass/text()='" + password + "']" +
140.                   "/secret/text()";
141.    String secret = (String)xPath.evaluate(query, inputXml,
        XPathConstants.STRING);
142.}
```

上述修复代码的第 130 行、第 131 行使用 ESAPI（OWASP Enterprise Security API，一个免费、开源的 Web 应用程序安全控制库，它使程序员可以更轻松地编写安全风险较低的应用程序）对 token 数组的元素值进行编码，encodeForXPath 方法的作用是编码 XML 特殊字符（如<、>、&、\、"、'）。

2.4.4 如何避免 XPath 注入

（1）对用户的输入进行合理验证，对特殊字符进行转义。过滤可以在客户端和服务器端两边实现，如果可能的话，建议两者同时进行过滤。

（2）创建一份安全字符白名单，确保 XPath 查询中由用户控制的数值完全来自预定的字符集合，不包含任何 XPath 元字符。

（3）使用源代码静态分析工具进行自动化的检测，可以有效发现源代码中的 XPath 注入问题。

2.5　LDAP 注入

2.5.1　LDAP 注入的概念

LDAP（Lightweight Directory Access Portocol）是基于 X.500 标准的轻量级目录访问协议，提供访问目录数据库方法的服务和协议，常与目录数据库组成目录服务。目录是一个为查询、浏览和搜索而优化的树状组织结构，类似于 Linux/UNIX 系统中的文件目录。LDAP 是一个标准、开放的协议，具有平台无关性。可以存储在其他条件下很难存储的管理信息，故公用证书、安全密钥、公司的物理设备信息等修改并不频繁的数据适合存储在目录中。我们可以将 LDAP 理解为一种搜索协议，类似于 SQL，拥有查询语法，也存在注入攻击的风险。LDAP 注入指在客户端发送查询请求时，输入的字符串中含有一些特殊字符，导致 LDAP 本来的查询结构被修改，从而允许访问更多未授权数据的一种攻击方式。本节分析 LDAP 注入产生的原因、危害以及修复方法。

2.5.2 LDAP 注入的危害

LDAP 注入可以利用用户引入的参数生成恶意 LDAP 查询，通过构造 LDAP 过滤器来绕过访问控制、提升用户权限。也可以在维持正常过滤器的情况下，通过构造 AND、OR 操作注入，获得敏感信息。CVE 中也有一些与之相关的漏洞信息，如表 2-5 所示。

表 2-5 与 LDAP 注入相关的漏洞信息

漏洞编号	漏洞概述
CVE-2020-5246	Traccar GPS 跟踪系统 4.9 之前的版本存在 LDAP 注入漏洞。攻击者可通过使用特殊构造的输入，修改 LDAP 查询的逻辑并获得管理员特权
CVE-2019-4297	IBM Robotic Process Automation with Automation Anywhere 11 允许身份已验证的远程攻击者执行 LDAP 注入攻击。攻击者可使用特殊构造请求，利用此漏洞进行越权查询或修改 LDAP 内容
CVE-2018-12689	在 phpLDAPadmin 1.2.2 中，攻击者可通过在 cmd.php?cmd=login_form 请求中构造 server_id 参数，或通过在登录面板中构造用户名和密码，执行 LDAP 注入攻击
CVE-2018-5730	在 MIT krb5 1.6 及之后版本中，具有向 LDAP Kerberos 数据库添加权限的远程认证攻击者，可利用漏洞，通过向目标数据库模块提供包含 linkdn 和 containerdn 数据库参数的方式绕过 DN 容器检查，或通过提供 DN 字符串（容器 DN 字符串的左扩展名，但不在容器 DN 内分层）的方式绕过 DN 容器检查
CVE-2016-8750	Apache Karaf 4.0.8 之前版本使用 LDAPLoginModule，通过 LDAP 对用户进行身份验证，但由于不正确地编码了用户名，因此容易受到 LDAP 注入攻击，最终导致拒绝服务
CVE-2011-4069	PacketFence 3.0.2 之前版本中的 html/admin/login.php 可使远程攻击者执行 LDAP 注入攻击，从而通过构造的用户名绕过身份验证机制

2.5.3 实例代码

本节使用实例的完整源代码可参考本书配套资源文件夹，源文件名：CWE90_LDAP_Injection__connect_tcp_01.java。

1）缺陷代码

代码片段 1：

```
39.String data;
```

```
40.
41. data = ""; /* Initialize data */
42.
43. /* Read data using an outbound tcp connection */
44. {
45.    Socket socket = null;
46.    BufferedReader readerBuffered = null;
47.    InputStreamReader readerInputStream = null;
48.
49.    try
50.    {
51.        /* Read data using an outbound tcp connection */
52.        socket = new Socket("host.example.org", 39544);
53.
54.        /* read input from socket */
55.
56.        readerInputStream = new InputStreamReader(socket.getInputStream(), "UTF-8");
57.        readerBuffered = new BufferedReader(readerInputStream);
58.
59.        /* POTENTIAL FLAW: Read data using an outbound tcp connection */
60.        data = readerBuffered.readLine();
61.    }
```

代码片段2：

```
113.        try
114.        {
115.            directoryContext = new InitialDirContext(environmentHashTable);
116.            /* POTENTIAL FLAW: data concatenated into LDAP search,which could result in LDAP Injection */
117.            String search = "(cn=" + data + ")";
118.
119.            NamingEnumeration<SearchResult> answer = directoryContext.search("", search, null);
```

```
120.        while (answer.hasMore())
121.        {
122.            SearchResult searchResult = answer.next();
123.            Attributes attributes = searchResult.
                   getAttributes();
124.            NamingEnumeration<?> allAttributes =
                   attributes.getAll();
125.            while (allAttributes.hasMore())
126.            {
127.                Attribute attribute = (Attribute)
                       allAttributes.next();
128.                NamingEnumeration<?> allValues =
                       attribute.getAll();
129.                while(allValues.hasMore())
130.                {
131.                    IO.writeLine(" Value: " +
                           allValues.next().
                           toString());
132.                }
133.            }
134.        }
135.    }
```

上述代码的第 39～61 行，程序进行 tcp 连接、读取 socket 的数据并赋值给变量 data，在第 117 行动态构造了一个 LDAP 查询语句，在第 119 行对其加以执行。LDAP 为人员组织机构封装了常见的对象类，如人员（person）含有姓（sn）、名（cn）、电话（telephoneNumber）、密码（userPassword）等属性。该查询的目的是验证是否存在名为变量 data 的员工信息，但并未对变量 data 的内容做任何过滤。使用简单的注入方式，令传入参数的值为 "*"，则构造的动态查询条件为 "(cn=*)"，这样可以查询到所有员工的信息，导致信息泄露。

2）修复代码

```
114.    try
115.    {
```

```
116.        directoryContext = new InitialDirContext
            (environmentHashTable);
117.        /* POTENTIAL FLAW: data concatenated into LDAP
            search,
            which could result in LDAP Injection */
118.        Control control = new BasicControl(data);
119.        byte[] encodeData = control.getEncodedValue();
120.        String search = "(cn=" + encodeData + ")";
121.
122.        NamingEnumeration<SearchResult> answer =
            directoryContext.search("", search, null);
123.        while (answer.hasMore())
124.        {
125.            SearchResult searchResult = answer.next();
126.            Attributes attributes =
                searchResult.getAttributes();
127.            NamingEnumeration<?> allAttributes =
                attributes.getAll();
128.            while (allAttributes.hasMore())
129.            {
130.                Attribute attribute = (Attribute)
                    allAttributes.next();
131.                NamingEnumeration<?> allValues =
                    attribute.getAll();
132.                while(allValues.hasMore())
133.                {
134.                    IO.writeLine(" Value: " +
                        allValues.next().
                        toString());
135.                }
136.            }
137.        }
138.    }
```

上述修复代码的第 118 行使用 javax.naming.ldap 包的扩展类 BasicControl 接收需要被处理的参数，第 119 行的 control 对象调用 getEncodedValue()方法将接收的参数 data 进行编码，编码后的值为字符对应的 ASN.1 BER 编码值。编码后的字节数组不存在参与命令解析的特殊字符，可以构造结构、内容正常的 LDAP 查询语句，这样就避免了 LDAP 注入的发生。

2.5.4 如何避免 LDAP 注入

LDAP 注入的根本原因是攻击者提供了可以改变 LDAP 查询含义的 LDAP 元字符。构造 LDAP 筛选器时，程序员应清楚哪些字符需作为命令解析，哪些字符需作为数据解析。为了防止攻击者侵犯程序员的各种预设情况，可使用白名单的方法，确保 LDAP 查询中由用户控制的内容完全来自预定的字符集合，不包含任何 LDAP 元字符。如果用户控制的内容范围要求必须包含 LDAP 元字符，那么应使用相应的编码机制转义这些元字符在 LDAP 查询中的意义。例如，&、!、|、=、<、>、,、+、-、"、'；这些字符在正常情况下不会用到，但如果在用户的输入中出现了，那么就需要用反斜杠符号进行转义处理。还有些字符，如(、)、\、*、/、NUL，不仅需要用反斜杠符号处理，还要将字符变成相应的 ASCII 码值。

2.6 JSON 注入

2.6.1 JSON 注入的概念

JSON 是一种常见的轻量级数据交换格式，应用程序通常使用 JSON 来存储数据或传递消息。JSON 注入指应用程序解析的 JSON 数据来源于不可信赖的数据源，程序没有对这些不可信赖的数据进行验证、过滤。若应用程序使用未经验证的输入构造 JSON，则可以更改 JSON 数据的语义。在相对理想的情况下，攻击者可能会插入无关的元素，导致应用程序在解析 JSON 数据时抛出异常。更为严重的情况下，攻击者可能插入恶意元素对 JSON 文档、请求或业务中的一些关键值执行可预见的操作。本节分析 JSON 注入产生的原因、危害以及修复方法。

2.6.2 JSON 注入的危害

攻击者可以利用 JSON 注入漏洞在 JSON 数据中插入元素，从而允许 JSON 数据对业务中非常关键的值执行恶意操作，严重时可能出现 XSS 漏洞和动态解析代码。CVE 中也有一些与之相关的漏洞信息，如表 2-6 所示。

表 2-6 与 JSON 注入相关的漏洞信息

漏洞编号	漏洞概述
CVE-2018-18836	Netdata 1.10.0 版本存在 JSON 注入漏洞。攻击者可以通过 api/v1/data tqx 参数向 web/api/web_api_v1.c 中的 web_client_api_request_v1_data 实施注入攻击
CVE-2018-3879	在 Samsung SmartThings Hub STH-ETH-250 设备（固件版本为 0.20.17）的 video core HTTP 服务器的凭据处理程序中存在 JSON 注入漏洞。video core 进程错误地解析用户控制的 JSON 负载，导致 JSON 注入，进而导致 video core 数据库中出现 SQL 注入漏洞。攻击者可以通过发送一系列 HTTP 请求来触发此漏洞

2.6.3 实例代码

本节使用实例的完整源代码可参考本书配套资源文件夹，源文件名：CSRFFeedback.java。

1）缺陷代码

```
32.    @Autowired
33.    private UserSessionData userSessionData;
34.    @Autowired
35.    private ObjectMapper objectMapper;
36.
37.    @PostMapping(value = "/message", produces = 
       {"application/json"})
38.    @ResponseBody
39.    public AttackResult completed(HttpServletRequest request, 
       @RequestBody String feedback) {
40.        try {
41.            objectMapper.readValue(feedback.getBytes(), 
               Map.class);
```

```
42.        } catch (IOException e) {
43.        return failed().feedback(ExceptionUtils.getStackTrace(e)).
           build();
44.        }
```

上述代码是接收请求参数 feedback 中的 JSON 数据,并将 JSON 数据转换为对象。在第 35 行声明一个 ObjectMapper 类的实例 objectMapper 用于处理 JSON 数据,在第 39 行的 completed 方法中声明了要获取的参数 feedback,在第 41 行将请求参数 feedback 的字节数组值和 Map.class 作为参数传入实例 feedback 的 readValue 方法,用于将 JSON 数据转换为 Map 集合类的对象。由于 JSON 是根据引号、冒号、逗号和花括号区分各字符意义的,因此当 JSON 格式为 {"username":"admin","password":"adminpassword"} 时,程序可以正确解析该 JSON 数据;当 JSON 格式为 {"username":"admin","password":"admin"password"} 时,其中 admin"password 中的引号会破坏整个 JSON 的结构,导致 JSON 解析失败,无法转换为指定对象。

2)修复代码

```
32.    @Autowired
33.    private UserSessionData userSessionData;
34.    @Autowired
35.    private ObjectMapper objectMapper;
36.
37.    @PostMapping(value = "/message", produces =
       {"application/json"})
38.    @ResponseBody
39.    public AttackResult completed(HttpServletRequest request,
       @RequestBody String feedback) {
40.        try {
41.        JsonStringEncoder encoder = JsonStringEncoder.
           getInstance();
42.        byte [] fb = encoder.quoteAsUTF8(feedback);
43.        objectMapper.readValue(fb, Map.class);
44.        } catch (IOException e) {
45.        return failed().feedback(ExceptionUtils.
```

```
              getStackTrace(e)).build();
46.     }
```

上述修复代码使用 com.fasterxml.jackson.core.io 包的 JsonStringEncoder 类对 JSON 数据进行操作，在第 41 行获取 JsonStringEncoder 的对象 encoder，调用 quoteAsUTF8 方法将 feedback 中的数据按照 JSON 标准处理并编码为 UTF-8，将结果返回为字节数组。随后将转换后的字节数组作为参数与 Map.class 传入 readValue 方法。使用 JSON 标准对 JSON 数据进行处理，防止 JSON 注入。

2.6.4 如何避免 JSON 注入

检查程序逻辑，根据实际需求对数据进行合理过滤和安全校验，以避免产生 JSON 注入。

2.7 XQuery 注入

2.7.1 XQuery 注入的概念

XQuery 是一种函数式语言，用于检索以 XML 格式存储的信息，负责从 XML 文档中查找和提取元素及属性。使用 XQuery 可在网络服务中提取信息，生成摘要报告，进行数据转换等。XQuery 与 XPath 十分相似，许多 XML 查询很难做到像 XPath 这样简便、清晰、准确的表达。XQuery 可以解决 XPath 的局限性，但复杂性略有增加。类似于 XPath 注入，XQuery 注入攻击利用了 XQuery 解析器的松散输入和容错特性，能够在 URL、表单或其他信息上附带恶意代码进入程序。当包含恶意代码的信息参与动态构造 XQuery 查询表达式，就会造成 XQuery 注入，攻击者可以利用漏洞获得权限信息的访问权并更改这些信息。本节分析 XQuery 注入产生的原因、危害以及修复方法。

2.7.2 XQuery 注入的危害

发生 XQuery 注入，攻击者可能会访问存储在敏感数据库中的信息，获得被入侵服务器的配置信息。

2.7.3 实例代码

本节使用实例的完整源代码可参考本书配套资源文件夹，源文件名：XQueryInjection.java。

1）缺陷代码

```
22. try {
23.    XQDataSource ds = new SaxonXQDataSource();
24.    String username = request.getParameter("username");
25.    String password = request.getParameter("password");
26.    XQConnection conn = ds.getConnection();
27.    String query = "for $user in doc(users.xml)
28.    //user[username='" +username+ "'and pass='" + password+ "']
       return $user";
29.    XQPreparedExpression xqpe = conn.prepareExpression(query);
30.    XQResultSequence result = xqpe.executeQuery();
31.    while (result.next()) {
32.        xqItem = result.getItem();
33.        content +=xqItem.getItemAsString(null);
34.    }
35.    System.out.println(content);
36.
37. } catch (XQException e) {
38.    // TODO: handle exception
39.    e.printStackTrace();
40. }
```

上述代码的目的是获取用户输入的用户名、密码，并在 XML 文档中查询该条数据是否存在。在第 23 行获取 XML 的数据源对象，在第 24~25 行获取用户输入的用户名和密码，在第 26 行进行 XML 数据源连接，在第 27 行动态构造 XQuery 查询表达式，在第 29 行通过 XQPreparedExpression 类准备执行 XQuery 查询，在第 30 行执行 XQuery 查询。由于用户名和密码来自不可信任的数据源，因此在正常情况下如果想要搜索用户名和密码的对应账户，执行的表达式如下：

```
for $user in doc(users.xml)//user[username='test_user' and pass='pass123'] return $user
```

但是，这个表达式是由一个常数查询字符串和用户输入字符串连接并动态构造而成的，因此只有在 username 或 password 不包含单引号字符时，才会正确执行这一查询。如果攻击者为 username 输入字符串 admin' or 1=1 or ''='，那么该查询会变成：

```
for $user in doc(users.xml)//user[username='admin' or 1=1 or
''='' and password='x' or ''=''] return $user
```

添加条件 admin' or 1=1 or ''=' 会使 XQuery 表达式永远评估为 true。因此，该查询在逻辑上等同于更简单的查询：

```
//user[username='admin']
```

无论输入什么样的密码，查询结果集都会返回文档中存储的管理用户，这样的查询可使攻击者绕过用户名与密码同时匹配的要求。

2）修复代码

```
23. try {
24.   String username = request.getParameter("username");
25.   String password = request.getParameter("password");
26.   XQConnection conn = ds.getConnection();
27.   String query = "declare variable $username as xs:string
        external;" + System.getProperty("line.separator")
28.       + "declare variable $password as xs:string
            external;" + System.getProperty("line.separator")
29.       + "for $user in doc(users.xml)//user[username=
            '$username'and pass='$password'] return $user";
30.   XQPreparedExpression xqpe = conn.prepareExpression(query);
31.   xqpe.bindString(new QName("username"), username,
        conn.createAtomicType(XQItemType.XQBASETYPE_STRING));
32.   xqpe.bindString(new QName("password"), password,
        conn.createAtomicType(XQItemType.XQBASETYPE_STRING));
33.   XQResultSequence result = xqpe.executeQuery();
34.   while (result.next()) {
35.       xqItem = result.getItem();
36.       content += xqItem.getItemAsString(null);
37.   }
38.   System.out.println(content);
```

```
39.
40. } catch (XQException e) {
41. // TODO: handle exception
42. e.printStackTrace();
43. }
```

上述修复代码的第 27~29 行使用 declare 语法声明字符串变量 username 和 password。在第 31 行、第 32 行调用 XQExpression 对象的 bindString()方法。该方法的作用为把变量绑定到 XQuery 查询中。该操作类似于 SQL 查询中使用占位符来进行参数化查询，参数化查询可以避免 SQL 注入，在这里声明变量来模拟参数化查询，一定程度上可以避免注入的产生。

2.7.4 如何避免 XQuery 注入

（1）使用参数化的查询，如/root/element[@id=$ID]。

（2）创建一份安全字符串列表，限制用户只能输入该列表中的数据。

（3）净化用户输入，fn:doc()、fn:collection()、xdmp:eval() 和 xdmp:value() 函数需要特别注意，使用时需过滤 '、[、= 和 & 等特殊字符。

2.8 HTTP 响应截断

2.8.1 HTTP 响应截断的概念

HTTP 响应截断是由于应用程序未对用户提交的数据进行严格过滤，因此当用户恶意提交包含 CR（回车，即 URL 编码%0d 或\r）和 LF（换行符，即 URL 编码%0a 或\n）的 HTTP 请求，且请求数据包含在发送给 Web 用户的 HTTP 响应标头中时，服务器可能会创建两个 HTTP 响应，攻击者可以控制第 2 个响应并加以攻击。攻击者还可以控制响应的内容，构造 XSS 攻击，其中的响应内容包含恶意的 JavaScript 或其他代码，并在用户的浏览器中执行，也有可能会让用户重定向到攻击者控制的 Web 内容中或在用户的主机上执行恶意操作。本节分析 HTTP 响应截断产生的原因、危害以及修复方法。

2.8.2 HTTP响应截断的危害

HTTP 响应截断一旦被攻击者利用，并不会直接造成安全问题，而是会因攻击者控制的 HTTP 响应内容造成间接攻击。例如，攻击者可控制 HTTP 响应内容，在 Web 页面插入恶意的 JavaScript 或 HTML 代码，而浏览器会正常解析，导致正在请求页面的结构被破坏、用户信息泄露、拒绝服务等。同样，攻击者还可利用 HTTP 响应再次发起对其他目标服务器的请求，篡改页面内容。甚至在同一代理服务器下，单个用户被攻击后，多个用户会因共享 Web 缓存，从而导致共享用户继续收到恶意内容，直到缓存条目被清除。CVE 中也有一些与之相关的漏洞信息，如表 2-7 所示。

表 2-7　与 HTTP 响应截断相关的漏洞信息

漏洞编号	漏洞概述
CVE-2020-7695	Uvicorn 0.11.7 之前的版本易受 HTTP 响应截断攻击。CRLF 序列不会在 HTTP 标头的值中转义。在使用构造输入构建 HTTP 表头的情况下，攻击者可以利用此方法在 HTTP 响应中添加任意标头，甚至返回任意响应体
CVE-2019-4552	IBM Security Access Manager 9.0.7 和 IBM Security Verify Access 10.0.0 易受 HTTP 响应截断攻击。远程攻击者构造 URL，当 URL 被单击后，攻击者可利用该漏洞使服务器返回截断响应，从而执行进一步攻击，如 Web 缓存投毒、XSS 攻击，并可能获取敏感信息
CVE-2018-1474	IBM BigFix Platform 9.2.0 至 9.2.14 版本及 9.5 至 9.5.9 版本易受因用户提供的输入验证不当而引起的 HTTP 响应截断攻击。远程攻击者可以利用此漏洞注入任意 HTTP 请求头，并在 URL 被单击后，引起服务器返回截断响应，从而执行进一步攻击，如 Web 缓存投毒、XSS 攻击，并可能获取敏感信息
CVE-2018-11287	YunoHost 2.7.2 至 2.7.14 版本的 Web 应用程序受一个 HTTP 响应头注入漏洞的影响。攻击者可将一个或多个 HTTP 请求头注入服务器返回的响应中。攻击者需要与用户进行交互才能发送恶意链接。该漏洞也可用于执行其他攻击，如将用户重定向到恶意网站、HTTP 响应截断或 HTTP 缓存投毒等
CVE-2018-7830	在 Modicon M340、Premium、Quantum PLC 和 BMXNOR0200 的嵌入式 Web 服务器中都存在 HTTP 响应截断漏洞。攻击者可通过发送特别构造的 HTTP 请求头，执行拒绝服务攻击
CVE-2018-1319	在 Apache Allura 1.8.1 之前的版本中，攻击者可构造 URL，引发 HTTP 响应截断。如果受害者访问恶意构造的 URL，那么可能导致 XSS 攻击、浏览会话服务拒绝等

2.8.3 实例代码

本节使用实例的完整源代码可参考本书配套资源文件夹，源文件名：CWE113_HTTP_Response_Splitting__Environment_addHeaderServlet_01.java。

1）缺陷代码

```
29. String data;
30.
31. /* get environment variable ADD */
32. /* POTENTIAL FLAW: Read data from an environment variable */
33. data = System.getenv("ADD");
34.
35. /* POTENTIAL FLAW: Input from file not verified */
36. if (data != null)
37. {
38.     response.addHeader("Location", "/author.jsp?lang=" + data);
39. }
```

上述代码的目的是获取环境变量的 ADD。在第 38 行将该值设置到相应头的 Location 字段中，这样当浏览器读到 Location 字段时就会进行资源跳转。当环境变量值为"add \ r \ nHTTP / 1.1 200 OK \ r \ n…"时，由于在程序中未对环境变量值做校验，因此 HTTP 响应将会被拆分成两个响应，第 2 个响应完全由攻击者控制，并构造出攻击者期望的头部内容和主体内容，由此可能产生跨站脚本、页面劫持、浏览器缓存中毒等间接攻击。

2）修复代码

```
68. String data;
69.
70. /* get environment variable ADD */
71. /* POTENTIAL FLAW: Read data from an environment variable */
72. data = System.getenv("ADD");
73.
74. /* FIX: use URLEncoder.encode to hex-encode
       non-alphanumerics */
75. if (data != null)
```

```
76. {
77. data = URLEncoder.encode(data, "UTF-8");
78. response.addHeader("Location", "/author.jsp?lang=" + data);
79. }
```

上述修复代码的第 77 行使用 URLEncoder 类对环境变量值进行 encode，encode 方法的作用是对非字母数字进行十六进制编码。

2.8.4 如何避免 HTTP 响应截断

（1）对用户的输入进行合理验证，对特殊字符（如<、>、'、"等）进行编码。

（2）创建一份安全字符白名单，只允许由这些受认可的字符组成的输入出现在 HTTP 响应头文件中。

（3）使用源代码静态分析工具进行自动化的检测，可以有效发现源代码中的 HTTP 响应截断问题。

2.9 不安全的反序列化（XStream）

2.9.1 不安全的反序列化（XStream）的概念

通常，当从客户端向服务器端发送 XML 格式的请求数据时，在服务器端不会直接对数据进行处理，而是会将 XML 格式数据转换成程序中可操作的对象。在转换时需要用到 XStream，XStream 可以将对象序列化成 XML 或将 XML 反序列化成对象。在使用 XStream 进行反序列化时，如果程序没有校验用户输入就进行反序列化处理，那么攻击者可以通过构造恶意输入，让反序列化产生非预期的对象，非预期的对象在创建过程中可能会引发任意代码执行问题。本节分析不安全的反序列化（XStream）产生的原因、危害以及修复方法。

2.9.2 不安全的反序列化（XStream）的危害

攻击者可利用不安全的反序列化（XStream）漏洞，通过修改序列化后的数据字段，进行提权、越权操作或者替换缓存服务器中的数据、恶意修改服务器数据，严重的可导致远程代码执行问题。CVE 中也有一些与之相关的漏洞信息，如表 2-8 所示。

表 2-8　与不安全的反序列化（XStream）相关的漏洞信息

漏洞编号	漏洞概述
CVE-2021-26913	NetMotion Mobility 11.73 之前版本以及早于 12.02 的 12.x 版本的 RpcServlet 中存在 Java 反序列化缺陷，未经身份验证的远程攻击者可以 SYSTEM 权限执行任意代码
CVE-2020-4888	在 IBM QRadar SIEM 7.4.0 至 7.4.2 Patch 1 版本和 7.3.0 至 7.3.3 Patch 7 版本中，由于 Java 反序列化功能不安全，因此远程攻击者可在系统上执行任意命令。远程攻击者可通过发送恶意的序列化 Java 对象，利用此漏洞在系统上执行任意命令
CVE-2019-7091	在 ColdFusion Update 1 及之前版本、Update 7 及之前版本和 Update 15 及之前版本中，存在一个不安全的数据反序列化漏洞，可导致任意代码执行
CVE-2019-4279	在 IBM WebSphere Application Server 8.5 和 9.0 版本中，远程攻击者可使用不受信任的特殊构造序列化对象在系统上执行任意代码
CVE-2019-10912	在 Symfony 2.8.50 版本、早于 3.4.26 的 3.x 版本、早于 4.1.12 的 4.x 版本和早于 4.2.7 的 4.2.x 版本中，可缓存可能包含恶意用户输入的对象。在序列化或反序列化时，攻击者可能删除当前用户有权访问的文件。该漏洞与 symfony/cache 和 symfony/phpunit-bridge 有关

2.9.3　实例代码

本节使用实例的完整源代码可参考本书配套资源文件夹，源文件名：VulnerableComponentsLesson.java。

1）缺陷代码

代码片段 1：

```
52.    @RequestMapping(method = RequestMethod.POST)
53.    public @ResponseBody AttackResult completed(@RequestParam
       String payload) throws IOException {
54.
55.
56.        XStream xstream = new XStream(new DomDriver());
57.        xstream.setClassLoader(Contact.class.getClassLoader());
58.
59.        xstream.processAnnotations(Contact.class);
```

代码片段 2：

```
84.        try {
85.            // System.out.println("Payload:" + payload);
86.            Contact expl = (Contact) xstream.fromXML(payload);
```

上述代码的目的是获取用户输入的 XML 数据并将该数据反序列化为对象。在第 53 行获取用户输入的 XML 字符串 payload，在第 56 行使用 Dom 解析器来构造 XStream 对象 xstream，在第 57 行使用 Contact 类加载器作为 XStream 的类加载器，在第 59 行将 Contact.class 配置给 xstream，xstream 可以识别 Contact 类的注解。在第 86 行调用 fromXML 方法将 XML 字符串 payload 反序列化为 Contact 类的对象 expl。当以下 XML 文档传入 fromXML 时，将执行 ProcessBuilder 对象实例化，并调用 start()方法，从而运行 Windows 计算器。

```xml
<contact>
  <dynamic-proxy>
    <interface>org.company.model.Contact</interface>
    <handler class="java.beans.EventHandler">
      <target class="java.lang.ProcessBuilder">
        <command>
          <string>calc.exe</string>
        </command>
      </target>
      <action>start</action>
    <handler>
  </dynamic-proxy>
</contact>
```

2）修复代码

```
52. @RequestMapping(method = RequestMethod.POST)
53. public @ResponseBody AttackResult completed
54.     (@RequestParam String payload) throws IOException {
55.
56.
57.     XStream xstream = new XStream(new DomDriver());
```

```
58.    xstream.setClassLoader(Contact.class.getClassLoader());
59.
60.    xstream.processAnnotations(Contact.class);
61.    xstream.allowTypeHierarchy(Contact.class);
```

上述修复代码的第 61 行调用 allowTypeHierarchy 方法为反序列化类 Contact 添加安全权限，避免不安全的反序列化。

2.9.4　如何避免不安全的反序列化（XStream）

（1）采用白名单策略，只允许生成白名单上的对象，不允许生成未经定义的对象。

（2）对序列化对象执行完整性检查和加密处理，防止其被恶意篡改和创建恶意对象。

（3）在反序列化过程开始前执行严格的类型限制。

2.10　动态解析代码

2.10.1　动态解析代码的概念

许多编程语言都支持动态解析源代码指令，因此程序可以执行基于用户输入的动态指令。若对输入不做适当的验证，那么程序会错误地认为由用户直接提供的指令都是执行一些无害的操作，因此会正常解析并执行指令。远程用户可以提供特定 URL，将任意代码传递给 eval() 语句，使任意代码执行。攻击通常会使用与目标 Web 服务相同的权限执行代码，包括操作系统命令。本节分析动态解析代码缺陷产生的原因、危害以及修复方法。

2.10.2　动态解析代码的危害

攻击者可以利用动态解析代码缺陷注入恶意代码，访问受限的数据和文件。几乎在所有情况下，注入恶意代码会导致数据完整性缺失，或允许执行任意代码。CVE 中也有一些与之相关的漏洞信息，如表 2-9 所示。

表 2-9 与动态解析代码相关的漏洞信息

漏洞编号	漏洞概述
CVE-2020-15070	在 Zulip Server 早于 2.1.7 的 2.x 版本中，如果拥有特权的攻击者能够直接写入 postgres 数据库且使用特制的自定义配置文件字段值，那么其可发动 eval 注入攻击
CVE-2020-10948	在 Jon Hedley AlienForm2 2.0.2 中，未经验证的远程攻击者可利用特别构造的请求，通过 eval 注入执行远程命令攻击

2.10.3 实例代码

本节使用实例的完整源代码可参考本书配套资源文件夹，源文件名：JSController.java。

1）缺陷代码

```
14. try {
15.     String script = request.getParameter("script");
16.     Context cx = Context.enter();
17.     Scriptable scope = cx.initStandardObjects();
18.     Object result = cx.evaluateString(scope, script,
            sourceName, lineno, null);
19. }catch(Exception e) {
20.     // TODO Auto-generated catch block
21.     e.printStackTrace();
22. }
```

上述代码的目的是获取 JavaScript 脚本字符串并将该字符串值作为命令执行。在第 15 行获取请求参数 script，在第 16 行调用 Context 类的静态方法 enter()，该方法会返回一个与当前线程关联的对象 cx，在第 17 行的对象 cx 调用 initStandardObjects()方法，用于初始化标准对象，执行结果将会返回一个 Scriptable 实例化对象 scope，在第 18 行调用 evaluateString()方法执行 JavaScript 脚本字符串。当 script 参数值合法时，程序将会正常运行。如果底层语言提供了访问系统资源的途径或允许执行系统命令，那么这种攻击会更加危险。例如，

JavaScript 允许调用 Java 对象，如果攻击者计划将"java.lang.Runtime.getRuntime().exec("shutdown -h now")"指定为 script 的值，那么主机系统就会执行关机命令。

2）修复代码

```
14.try {
15.     String script = request.getParameter("script");
16.     Context cx = Context.enter();
17.     Scriptable scope = cx.initStandardObjects();
18.     cx.setClassShutter(new ClassShutter()
19.     {
20.         @Override
21.         public boolean visibleToScripts(String className)
22.         {
23.             return !className.equals("java.lang.Runtime");
24.         }
25.     });
26.     Object result = cx.evaluateString(scope, script,
            sourceName, lineno, null);
27.}catch(Exception e) {
28. // TODO Auto-generated catch block
29. e.printStackTrace();
30.}
```

上述修复代码的第 18 行调用 setClassShutter()方法，该方法的参数为 ClassShutter 接口的子类，需要实现接口方法 visibleToScripts()。visibleToScripts()方法用于控制程序中的类是否对脚本可见。在第 23 行指定不允许脚本访问或使用 java.lang.Runtime 包下的所有类及方法。

2.10.4 如何避免动态解析代码

在任何时候，都应尽可能地避免动态解析源代码。如果程序的功能要求对代码进行动态解析，那么应用程序不应该直接执行和解析未验证的用户输入。建议创建一份合法操作和数据对象列表，用户可以指定其中的内容，并且只能选择其中的内容执行。

2.11 ContentProvider URI 注入

2.11.1 ContentProvider URI 注入的概念

ContentProvider 作为 Android 的四大组件之一，常常用来为不同应用之间的数据共享提供统一接口。在 Android 系统中，各应用的数据是对外隔离的，如果想要访问其他应用的部分数据，就需要使用 ContentProvider，简单来说就是把自己应用程序的私有数据暴露给别的应用程序。例如，应用访问联系人功能就用到了 ContentProvider。ContentProvider 的使用类似于数据库的操作，它拥有增、删、改、查的操作，因此 ContentProvider 也有被注入的风险。构建含有用户输入的 ContentProvider 查询指令可能使攻击者能够访问未经授权的内容或者动态构造一个 ContentProvider 查询 URI，造成字符串查询注入。本节分析 ContentProvider URI 注入产生的原因、危害以及修复方法。

2.11.2 ContentProvider URI 注入的危害

通常情况下，ContentProvider URI 注入会造成信息缺失和恶意访问应用数据。CVE 中也有一些与之相关的漏洞信息，如表 2-10 所示。

表 2-10 与 ContentProvider URI 注入相关的漏洞信息

漏 洞 编 号	漏 洞 概 述
CVE-2018-14902	在 EPSON iPrint App 6.6.3（Android 版）中，恶意应用程序可利用 ContentProvider 未正确限制数据访问权限的缺陷，读取所扫描文档
CVE-2019-14339	Canon PRINT jp.co.canon.bsd.ad.pixmaprint 2.5.5（Android 版）中使用的 ContentProvider 错误地限制了 canon.ij.printer.capability.data 的数据访问权限，从而使攻击者的恶意应用程序获得敏感信息，如管理员 Web 界面的出厂密码和 WPA2-PSK 密钥

2.11.3 实例代码

本节使用实例的完整源代码可参考本书配套资源文件夹，源文件名：MainActivity.java。

1）缺陷代码

```
14. EditText et ;
15. @Override
16. protected void onCreate(Bundle savedInstanceState) {
17.     super.onCreate(savedInstanceState);
18.     setContentView(R.layout.activity_main);
19.     et = (EditText)this.findViewById(R.id.iptext);
20.     String msgId = et.getText().toString().trim();
21.     Uri dataUri = Uri.parse(WeatherContentProvider.CONTENT_
        URI + "/" +msgId);
22.     Cursor cursor = getContentResolver().query(dataUri, null,
        null, null, null);
23. }
```

上述代码的目的是获取 EditText 接收到的值作为 URI，构造 ContentProvider 查询语句。在第 18 行 Activity 加载布局文件，在第 19 行通过 findViewById() 方法找到布局文件中对应的 EditText 控件，在第 20 行获取 et 这个文本输入框的值，在第 21 行调用 Uri.parse() 方法返回一个 URI 类型，通过这个 URI 可以访问一个网络或者本地的资源，在第 22 行调用 getContentResolver() 方法返回一个 ContentResolver 对象，这个对象是内容解析器，Android 中程序间数据的共享是通过 Provider 和 Resolver 进行的，提供内容的就叫 Provider，Resovler 提供接口，对提供的内容进行解读，返回的对象调用 query() 方法，按照用户输入的内容进行查询。假定应用程序提供了多个 URI 作为 ContentProvider 的入口，如 "content://my.authority/messages" 和 "content://my.authority/messages/test"。在上述代码片段中，程序未校验用户输入的内容，并且程序动态构建查询 URI 拼接字符串。因此攻击者可以通过向 msgId 代码提供值 deleted 来调用 "content://my.authority/messages/deleted"，从而改变查询的意义。

2）修复代码

```
16. protected void onCreate(Bundle savedInstanceState) {
17.     super.onCreate(savedInstanceState);
18.     setContentView(R.layout.activity_main);
19.     et = (EditText)this.findViewById(R.id.iptext);
20.     String msgId = et.getText().toString().trim();
```

```
21.     Uri dataUri = Uri.parse(WeatherContentProvider.CONTENT_
        URI + "/" +Uri.encode(msgId));
22.     Cursor cursor = getContentResolver().query(dataUri, null, 
        null, null, null);
23. }
```

上述修复代码的第 21 行使用 Uri.encode()方法对接收的 URI 进行编码。该方法使用 UTF-8 编码集将给定字符串中的部分字符进行编码，编码可以有效避免因特殊字符参与程序语句构造而造成的程序歧义，这种歧义会导致注入的发生。在此基础上仍需对一些可造成程序歧义的关键字进行过滤。

2.11.4 如何避免 ContentProvider URI 注入

阻止注入攻击的最佳做法是采用一些间接手段。例如，创建一份合法资源名称的列表，并且规定用户只能选择其中的资源名称。使用这种方法，用户不能直接指定资源名称。在某些情况下，这种方法并不可行，因为这样一份合法资源名称的列表过于庞大，难以跟踪。因此，有时也可以采用黑名单的方法。在输入之前，黑名单会有选择地拒绝或避免潜在的危险字符。但是，不完整的黑名单仍有可能出现纰漏。相对于以上两种方法，更好的方法是创建一份白名单，允许其中的字符出现在资源名称中，且只允许完全由这些被认可的字符组成的输入。

2.12 反射型 XSS

2.12.1 反射型 XSS 的概念

反射型 XSS 指应用程序通过 Web 请求获取不可信赖的数据，在未检验数据是否存在恶意代码的情况下，便将其传送给了 Web 用户。反射型 XSS 一般是攻击者构造了带有恶意代码参数的 URL，访问该 URL，浏览器向服务器发送恶意脚本请求，服务器将恶意脚本嵌入响应，包含恶意代码的参数被浏览器解析、执行，发生攻击。它的特点是非持久化，用户需要单击带有特定参数的链接才能引起攻击。本节分析反射型 XSS 产生的原因、危害以及修复方法。

2.12.2 反射型 XSS 的危害

当用户访问一个带有 XSS 代码的 URL 请求时,服务器端接收数据后处理请求,然后把带有 XSS 代码的数据发送到浏览器,浏览器解析这段带有 XSS 代码的数据后,造成 XSS 漏洞,从而可能导致目标网站的 Cookie 被窃取、用户未公开的资料泄露或触发 Click 劫持实施钓鱼攻击等。CVE 中也有一些与之相关的漏洞信息,如表 2-11 所示。

表 2-11 与反射型 XSS 相关的漏洞信息

漏洞编号	漏洞概述
CVE-2021-22978	在 BIG-IP 早于 16.0.1 的 16.x 版本、早于 15.1.1 的 15.1.x 版本、早于 14.1.3.1 的 14.1.x 版本、早于 13.1.3.5 的 13.1.x 版本、12.1.x 所有版本、11.6.x 所有版本的 iControl REST 中存在未公开的端点,可导致反射型 XSS 攻击,且如果受害者为管理员角色,那么可导致 BIG-IP 被完全攻陷。需要注意的是,目前并未评估该漏洞对已结束软件开发周期的软件版本的影响
CVE-2020-22839	b2evolution cms 6.11.6-stable 版本的 evoadm.php 文件存在反射型 XSS 漏洞,远程攻击者可使用 tab3 参数注入任意 Web 脚本或 HTML 代码
CVE-2019-11843	WordPress 3.23.2 之前版本的 MailPoet 插件易受反射型 XSS 攻击,远程攻击者可使用 URL 中的额外参数注入任意 Web 脚本或 HTML 代码
CVE-2019-9839	在 VFront 0.99.5 中,攻击者可通过 admin/menu_registri.php 中的 descrizione_g 参数或 admin/sync_reg_tab.php 中的 azzera 参数发动反射型 XSS 攻击
CVE-2018-14929	Matera Banco 1.0.0 易受多个反射型 XSS 漏洞影响,如/contingency/web/index.jsp(主页)URL 参数所示
CVE-2018-12996	Zoho ManageEngine Applications Manager 提供了监视和管理 J2EE 底层结构、J2EE 应用的解决方案。在 Zoho ManageEngine Applications Manager 13(构建版本 13800)中存在反射型 XSS 漏洞,远程攻击者可通过 method 参数在 GraphicalView.do 中注入任意 Web 脚本或 HTML 代码
CVE-2018-12090	LAMS 是一款基于 Java 的新一代学习软件。LAMS 3.1 之前版本存在未经身份验证的反射型 XSS 漏洞,远程攻击者可在 forgotPasswordChange.jsp?key= password 密码修改过程中,通过操纵未净化的 GET 参数引入任意 JavaScript 脚本

2.12.3 实例代码

本节使用实例的完整源代码可参考本书配套资源文件夹,源文件名:CWE80_XSS__CWE182_Servlet_URLConnection_03.java。

1) 缺陷代码

代码片段 1:

```
40.URLConnection urlConnection = (new URL("http:
   //www.example.org/")).openConnection();
41.BufferedReader readerBuffered = null;
42.InputStreamReader readerInputStream = null;
43.try
44.{
45. readerInputStream = new InputStreamReader(urlConnection.
   getInputStream(), "UTF-8");
46. readerBuffered = new BufferedReader(readerInputStream);
47. /* POTENTIAL FLAW: Read data from a web server with
   URLConnection */
48. /* This will be reading the first "line" of the response
   body,
49. * which could be very long if there are no newlines in the
   HTML */
50. data = readerBuffered.readLine();
51.}
```

代码片段 2:

```
92.if (data != null)
93.{
94. /* POTENTIAL FLAW: Display of data in web page after using
   replaceAll() to remove script tags, which will still allow
   XSS with strings like <scr<script>ipt> (CWE 182: Collapse of
   Data into Unsafe Value) */
95. response.getWriter().println("<br>bad(): data = " + data.
   replaceAll("(<script>)", ""));
96.}
```

上述代码的目的是获取用户的年龄。在第 40 行创建连接对象，在第 45 行创建输入流，获得 urlConnection 对象响应的内容，在第 50 行从缓冲流中读取一行数据，在第 95 行将获得的数据去除所有的"<script>"标签并向页面输出处理后的数据。即使过滤了"<script>"标签，仍然还可以使用其他 HTML 标签。当服务器传来的数据包含除"<script>"标签外的恶意代码时，如可以利用 HTML 标签属性值注入，使用 <table background="javascript:alert(/XSS/)"></table>，需要指出的是，此类方法只适用于支持伪协议的浏览器。浏览器会解析代码，在弹框中显示恶意内容，这样就造成了反射型 XSS。

2）修复代码

```
92. if (data != null)
93. {
94.     int parse = Integer.parseInt(data);
95.     /* POTENTIAL FLAW: Display of data in web page after using
        replaceAll() to remove script tags, which will still allow
        XSS with strings like <scr<script>ipt> (CWE 182: Collapse of
        Data into Unsafe Value) */
96.     response.getWriter().println("<br>bad(): data = " + parse));
97. }
```

在上述修复代码中，显示内容为年龄，在代码中限制输出的内容为数字。在第 94 行将响应的内容转换为数字。即使 data 的值不能被转换为整型字符，代码会报出异常，但并不会造成反射型 XSS 的发生。

2.12.4 如何避免反射型 XSS

（1）对用户的输入进行合理验证（如年龄只能是数字），对特殊字符（如 <、>、'、"等）及 JavaScript 标签进行过滤。

（2）根据数据置于 HTML 上、下文中的不同位置（HTML 标签、HTML 属性、JavaScript 脚本、CSS、URL），对所有不可信数据进行恰当的输出编码。

（3）设置 HttpOnly 属性，避免攻击者利用反射型 XSS 漏洞进行 Cookie 劫持攻击。在 Java EE 中，给 Cookie 添加 HttpOnly 的代码如下：

```
response.setHeader("Set-Cookie","cookiename=cookievalue; path=/;
Domain=domainvaule; Max-age=seconds; HttpOnly");
```

2.13 存储型 XSS

2.13.1 存储型 XSS 的概念

存储型 XSS 指应用程序通过 Web 请求获取不可信赖的数据，在未检验数据是否存在 XSS 代码的情况下，便将恶意脚本存入服务器数据库。当下一次从数据库中获取该数据时程序也未对其进行过滤，页面再次执行 XSS 代码。存储型 XSS 可以持续攻击用户。存储型 XSS 大多出现在留言板、评论区中，用户提交了包含 XSS 代码的留言到数据库中，当目标用户查询留言时，那些留言的内容会从服务器解析之后加载出来。浏览器发现有 XSS 代码，将其视为正常的 HTML 和 JavaScript 解析执行，存储型 XSS 就发生了。本节分析存储型 XSS 产生的原因、危害以及修复方法。

2.13.2 存储型 XSS 的危害

存储型 XSS 的攻击方式主要是嵌入一段远程或者第三方域上的 JavaScript 代码，并在目标域执行这些代码。存储型 XSS 会造成 Cookie 泄露、破坏页面正常的结构与样式、重定向访问恶意网站等。CVE 中也有一些与之相关的漏洞信息，如表 2-12 所示。

表 2-12 与存储型 XSS 相关的漏洞信息

漏洞编号	漏洞概述
CVE-2021-27237	BlackCat CMS 1.3.6 中的管理面板允许管理员通过 backend/preferences/ajax_save.php 的 Display Name 字段执行存储型 XSS 攻击
CVE-2020-18723	MDaemon Webmail 19.5.5 的 file attachment 字段存在一个 XSS 漏洞。攻击者可在转发电子邮件的同时在邮件收件人侧执行代码，开展潜在的恶意活动

（续表）

漏洞编号	漏洞概述
CVE-2019-16564	Jenkins Pipeline Aggregator View Plugin 1.8 及之前版本未转义视图显示的信息，导致存储型 XSS 漏洞产生。攻击者可对视图内容（如任务显示名称或管道阶段名称等）造成影响
CVE-2020-36399	Phplist 3.5.4 及之前版本存在存储型 XSS 漏洞。攻击者可通过 Bounce Rules 模块下的 rule1 参数构造有效负载，执行任意 Web 脚本或 HTML 代码
CVE-2020-23179	在 Php Fusion 9.03.50 的 administration/settings_main.php 中存在一个存储型 XSS 漏洞。经过身份验证的攻击者可通过 Site footer 字段构造有效负载，执行任意 Web 脚本或 HTML 代码
CVE-2020-23205	Monstra CMS 3.0.4 存在存储型 XSS 漏洞。攻击者可通过 Site Settings 模块下的 Site Name 字段构造有效负载，执行任意 Web 脚本或 HTML 代码
CVE-2018-17369	针对 2017 年 3 月 6 日及之前发布的 springboot_authority，攻击者可通过 roleKey、name 或 description 参数发动存储型 XSS 攻击

2.13.3 实例代码

本节使用实例的完整源代码可参考本书配套资源文件夹，源文件名：CWE80_XSS__CWE182_Servlet_database_01.java。

1）缺陷代码

代码片段 1：

```
33.String data;
34.
35.data = ""; /* Initialize data */
36.
37./* Read data from a database */
38.{
39. Connection connection = null;
40. PreparedStatement preparedStatement = null;
41. ResultSet resultSet = null;
42.
43. try
44. {
45.     /* setup the connection */
```

```
46.        connection = IO.getDBConnection();
47.
48.        /* prepare and execute a (hardcoded) query */
49.        preparedStatement = connection.prepareStatement("select
           name from users where id=0");
50.        resultSet = preparedStatement.executeQuery();
51.
52.        /* POTENTIAL FLAW: Read data from a database query
           resultset */
53.        data = resultSet.getString(1);
54.    }
```

代码片段2：

```
100.    if (data != null)
101.    {
102.        /* POTENTIAL FLAW: Display of data in web page after
               using replaceAll() to remove script tags, which will
               still allow XSS with strings like <scr<script>ipt>
               (CWE 182: Collapse of Data into Unsafe Value) */
103.        response.getWriter().println("<br>bad(): data = " +
               data.replaceAll("(<script>)", ""));
104.    }
```

上述代码的目的是获取用户姓名并输出到页面。在第 46 行获取数据库连接对象，在第 49 行创建查询语句查询 id 等于 0 的用户姓名，在第 53 行将结果集赋值给 data，在第 103 行仅过滤了"<script>"标签并输出到页面。事实上，来自数据库的数据被认为是不安全的，程序与用户在交互时产生危险数据，当数据未经验证或绕过安全验证存入数据库，再从数据库中获取数据时，这些危险数据有可能导致信息泄露、页面劫持等安全威胁。例如，当查询的用户姓名为<div style = "list-style-image:url(javascript:alert('xss'))">时，可改变页面结构。

2）修复代码

```
33. String data;
34.
35. data = ""; /* Initialize data */
```

```
36.
37. /* Read data from a database */
38. {
39.   Connection connection = null;
40.   PreparedStatement preparedStatement = null;
41.   ResultSet resultSet = null;
42.
43.   try
44.   {
45.       /* setup the connection */
46.       connection = IO.getDBConnection();
47.
48.       /* prepare and execute a (hardcoded) query */
49.       preparedStatement = connection.prepareStatement("select name from users where id=0");
50.       resultSet = preparedStatement.executeQuery();
51.
52.       /* POTENTIAL FLAW: Read data from a database query resultset */
53.       data = resultSet.getString(1);
54.       data = ESAPI.encoder().encodeForHTML(data);
```

上述修复代码的第 54 行使用 ESAPI（ESAPI 是 OWASP 提供的一套 API 级别的开源 Web 应用解决方案，可以帮助开发者编写更加安全的代码）中的 encodeForHTML() 方法对查询到的用户姓名进行 HTML 编码，当出现敏感字符时，将使用替代字符编码敏感字符。

2.13.4　如何避免存储型 XSS

（1）对用户的输入进行合理验证，对特殊字符（如<、>、'、"等）及 JavaScript 标签进行过滤。

（2）采用 ESAPI，根据数据置于 HTML 上、下文中的不同位置（HTML 标签、HTML 属性、JavaScript 脚本、CSS、URL），对所有不可信数据进行恰当的输出编码。

(3) 设置 HttpOnly 属性，避免攻击者利用存储型 XSS 漏洞进行 Cookie 劫持攻击。在 Java EE 中，给 Cookie 添加 HttpOnly 的代码如下：

```
response.setHeader("Set-Cookie","cookiename=cookievalue; path=/;
Domain=domainvaule; Max-age=seconds; HttpOnly");
```

2.14 弱验证

2.14.1 弱验证的概念

弱验证指由于应用程序验证不足导致浏览器执行恶意代码。当不受信任的数据进入 Web 应用程序时，应用程序会动态生成网页。在页面生成期间，由于应用程序依靠 HTML、XML 或其他类型编码进行验证，验证方式不足，因此程序并不会阻止 Web 浏览器解析可执行的内容，如 JavaScript、HTML 标记、HTML 属性、鼠标事件、Flash、ActiveX 等，这样生成的网页包含不受信任数据，攻击者可执行恶意代码攻击用户。例如，使用带有 escapeXml="true" 属性的<c:out/>标签可以避免一部分 XSS 攻击，但不能完全避免。依靠此类编码构造等同于使用一个安全性较差的拒绝列表来防止 XSS 攻击。本节分析弱验证产生的原因、危害以及修复方法。

2.14.2 弱验证的危害

弱验证会导致 XSS，无论是存储型 XSS 还是反射型 XSS，攻击的后果都是相同的，XSS 可能会给最终用户带来各种问题，如蠕虫、账号泄露等。某些 XSS 可被用来操纵或窃取 Cookie，创建可能被误认为是有效用户的请求，破坏机密信息或在最终用户系统上执行恶意代码，以达到各种恶意目的。CVE 中也有一些与之相关的漏洞信息，如表 2-13 所示。

表 2-13　与弱验证相关的漏洞信息

漏洞编号	漏洞概述
CVE-2021-25299	在 Nagios XI 的 XI-5.7.5 版本中，由于对受用户控制的输入净化不正确，导致 /usr/local/nagiosxi/html/admin/sshterm.php 文件存在 XSS 漏洞。当管理员单击一个恶意构造的 URL 时，其会话 Cookie 可被盗取。或者攻击者可结合其他漏洞，在 Nagios XI 服务器上进行一键式远程代码执行攻击
CVE-2021-26549	在 SmartFoxServer 2.17.0 中，由于传递给 AdminTool 控制台的输入在返回给用户前未进行净化，因此触发 XSS 攻击。在受影响站点上、下文中，攻击者可利用该漏洞在用户的浏览器会话中执行任意 HTML 代码
CVE-2019-9709	在 Mahara 早于 17.10.8 的 17.10.x 版本、早于 18.04.4 的 18.04.x 版本、早于 18.10.1 的 18.10.x 版本中，由于在查看集合的 SmartEvidence overview 页面（如该功能已开启）时没有对集合标题进行转义，因此集合标题易受 XSS 攻击。任何已登录用户均可利用该漏洞
CVE-2019-1852	Cisco Prime Network Registrar 的 Web 管理界面对用户提供的输入验证不充分，导致未经身份验证的远程攻击者可对 Web 界面用户执行 XSS 攻击。攻击者可通过说服用户单击恶意链接的方式利用此漏洞，在该界面的上、下文中执行任意脚本代码或者访问基于浏览器的敏感信息
CVE-2019-1701	Cisco 自适应安全设备（ASA） 软件和 CiscoFirepower 威胁防御（FTD）软件的 WebVPN 服务中存在多个漏洞，经过身份验证的远程攻击者可对受影响设备上 WebVPN 门户网站的用户发动 XSS 攻击。这些漏洞是因为软件对受影响设备上用户提供的输入验证不充分造成的，具有管理员权限的攻击者可在受影响接口的上、下文中执行任意脚本代码或访问基于浏览器的敏感信息

2.14.3　实例代码

本节使用实例的完整源代码可参考本书配套资源文件夹，源文件名：BenchmarkTest00002.java。

1）缺陷代码

```
51.javax.servlet.http.Cookie[] theCookies = request.getCookies();
52.
53.String param = "noCookieValueSupplied";
54.if (theCookies != null) {
55. for (javax.servlet.http.Cookie theCookie : theCookies) {
56.     if (theCookie.getName().equals("BenchmarkTest00002")) {
```

```
57.          param = java.net.URLDecoder.decode(theCookie.
             getValue(), "UTF-8");
58.          break;
59.      }
60. }
61. }
62.
63.
64. String fileName = null;
65. java.io.FileOutputStream fos = null;
66.
67. try {
68.   fileName = org.owasp.benchmark.helpers.Utils.testfileDir +
      param;
69.
70.   fos = new java.io.FileOutputStream(fileName, false);
71.   response.getWriter().println(
72.   "Now ready to write to file: " + org.owasp.esapi.
      ESAPI.encoder().encodeForHTML(fileName)
73. );
```

上述代码的目的是获取请求数据并将该数据与静态变量拼接输出到网页中。在第 51 行获取请求中的所有 Cookie，并赋值给 Cookie 数组 theCookies，在第 55 行遍历 theCookies 并进行判断，当 Cookie 名为 BenchmarkTest00002 时对该 Cookie 进行 UTF-8 解码并赋值给变量 param，在第 68 行将静态常量 testfileDir 与 param 进行拼接并赋值给 fileName，在第 71~73 行对 fileName 的内容进行 HTML 编码并输出到页面。其中 Cookie 为不受信任的数据，当 Cookie 中包含特殊 JavaScript 代码时，Web 浏览器会默认内容为可执行的，因此导致 XSS 的产生。

2）修复代码

```
51. javax.servlet.http.Cookie[] theCookies = request.getCookies();
52.
53. String param = "noCookieValueSupplied";
54. if (theCookies != null) {
55.   for (javax.servlet.http.Cookie theCookie : theCookies) {
```

```
56.     if (theCookie.getName().equals("BenchmarkTest00002")) {
57.         param = java.net.URLDecoder.decode(theCookie.
            getValue(), "UTF-8");
58.         break;
59.     }
60. }
61. }
62.
63.
64. String fileName = null;
65. java.io.FileOutputStream fos = null;
66.
67. try {
68.    fileName = org.owasp.benchmark.helpers.Utils.testfileDir +
       param;
69.
70.    fos = new java.io.FileOutputStream(fileName, false);
71.    fName = org.owasp.esapi.ESAPI.validator().getValidSafeHTML
72.    ("getValidSafeHTML", fileName, fileName.length(), true);
73.    response.getWriter().println(
74.    "Now ready to write to file: " + org.owasp.esapi.ESAPI.
       encoder().encodeForHTML(fName)
75. );
```

上述修复代码的第 71~72 行调用 getValidSafeHTML 对 fileName 进行处理，之后会返回规范化、经过验证的安全内容，再将处理后的内容进行转义。这样可以更安全、有效地避免弱验证。

2.14.4 如何避免弱验证

（1）对用户的输入进行合理验证（如年龄只能是数字），对特殊字符（如 <、>、'、"等）及 JavaScript 标签进行过滤。

（2）根据数据置于 HTML 上、下文中的不同位置（HTML 标签、HTML 属性、JavaScript 脚本、CSS、URL），对所有不可信数据进行恰当的输出编码。

（3）设置 HttpOnly 属性，避免攻击者利用 XSS 漏洞进行 Cookie 劫持攻击。

2.15 组件间通信 XSS

2.15.1 组件间通信 XSS 的概念

当出现数据通过不可信赖的数据源进入 Web 应用程序，或者数据包含在未经验证就发送给 Web 用户的动态内容中这两种情况时，都会导致 XSS。对于组件间通信 XSS 而言，一般情况下不可信赖的数据源指位于同一系统上的其他组件接收的数据。对于反射型 XSS，不可信赖的源通常为 Web 请求，当 URL 地址被打开时，特有的恶意代码参数被浏览器解析、执行。而对于存储型 XSS，不可信赖的数据源通常为数据库或者其他后端存储数据，当获取该数据时，程序未对其进行过滤，浏览器会解析执行 XSS 代码。本节分析组件间通信 XSS 产生的原因、危害以及修复方法。

2.15.2 组件间通信 XSS 的危害

JavaScript 调用应用程序代码打破了传统浏览器的安全模式。如果用户被 WebView 导航到不受信任的恶意网站，那么恶意页面可能会对潜在敏感应用程序数据进行访问。同样，应用程序使用 HTTP 加载网页，而用户连接了不安全的 Wi-Fi 网络，则攻击者可能会将恶意内容注入页面并引发攻击。CVE 中也有一些与之相关的漏洞信息，如表 2-14 所示。

表 2-14 与组件间通信 XSS 相关的漏洞信息

漏洞编号	漏洞概述
CVE-2020-4768	IBM Case Manager 5.2 和 5.3 版本及 IBM Business Automation Workflow 18.0、19.0 和 20.0 版本存在 XSS 漏洞。用户可在 Web UI 中嵌入任意 JavaScript 代码，可能改变预期功能，从而导致可信会话中的凭据遭泄露
CVE-2019-1677	Cisco Webex Meetings（Android 版）11.7.0.236 之前版本对应用程序输入参数的验证不足，可导致未经身份验证的本地攻击者对应用程序执行 XSS 攻击。攻击者可通过 Intent 将恶意请求发送到 Webex Meetings 应用程序，从而利用此漏洞在 Webex Meetings 应用程序的上、下文中执行脚本代码

（续表）

漏洞编号	漏洞概述
CVE-2018-18362	Norton Password Manager（之前名为 Norton Identity Safe，Android 版）可能易受 XSS 攻击影响。攻击者能在其他用户查看的网页中注入客户端脚本，也可绕过同源策略等访问控制

2.15.3 实例代码

本节使用实例的完整源代码可参考本书配套资源文件夹，源文件名：MainActivity.java。

1）缺陷代码

```
13. @Override
14. protected void onCreate(Bundle savedInstanceState) {
15.     super.onCreate(savedInstanceState);
16.     setContentView(R.layout.activity_main);
17.     WebView view = (WebView) findViewById(R.id.webview);
18.     view.getSettings().setJavaScriptEnabled(true);
19.     String url =
            this.getIntent().getExtras().getString("url");
20.     view.loadUrl(url);
21. }
```

上述代码的目的是将 Intent（Intent 用于 Android 应用的各项组件之间的通信，可简单理解为消息传递工具）接收到的值作为 url，并使用 WebView 进行加载。在第 16 行使用 Activity 加载布局文件，在第 17 行通过 findViewById()方法找到布局文件中对应的 WebView 控件，在第 18 行允许 WebView 执行 JavaScript 脚本，在第 19 行调用 this.getIntent()方法先获取上一个 Activity 启动的 Intent，然后调用 getExtras()方法得到 Intent 所附带的额外数据，这些数据以 KEY-VALUE 的形式存在，getString("url")获取到的 KEY 为 url 对应的值，在第 20 行将 WebView 作为网页加载控件，对指定的 url 进行加载。如果 url 的值以 "javascript:" 开头，那么接下来的 JavaScript 代码将在 WebView 中 Web 页面的上、下文中执行，例如，"javascript:alert(/xss/)" 会在页面中弹出一个警告消息框，破坏网页结构。

2）修复代码

```
13. @Override
14. protected void onCreate(Bundle savedInstanceState) {
15.     super.onCreate(savedInstanceState);
16.     setContentView(R.layout.activity_main);
17.     WebView view = (WebView) findViewById(R.id.webview);
18.     view.getSettings().setJavaScriptEnabled(true);
19.     String url =
            this.getIntent().getExtras().getString("url");
20.     String afec = Uri.encode(url);
21.     view.loadUrl(afec);
22. }
```

上述修复代码的第 20 行使用 Uri.encode()对接收的 url 进行编码，该方法使用 UTF-8 编码集将给定字符串中的某些字符进行编码，避免因不安全字符引起的程序解析歧义，其中字母（A 到 Z 和 a 到 z）、数字（0 到 9）、字符（_、-、!、.、~、'、(、)、*）不会被编码。

2.15.4　如何避免组件间通信 XSS

（1）对用户的输入进行合理验证，对特殊字符（如<、>、'、"等）及 JavaScript 标签进行过滤。

（2）采用 ESAPI，根据数据置于 HTML 上、下文中的不同位置（HTML 标签、HTML 属性、JavaScript 脚本、CSS、URL），对所有不可信数据进行恰当的输出编码。

（3）设置 HttpOnly 属性，避免攻击者利用 XSS 漏洞进行 Cookie 劫持攻击。在 Java EE 中，给 Cookie 添加 HttpOnly 的代码如下：

```
response.setHeader("Set-Cookie","cookiename=cookievalue; path=/;
Domain=domainvaule; Max-age=seconds; HttpOnly");
```

2.16 进程控制

2.16.1 进程控制的概念

函数在加载动态库时，如果没有加载预期的动态库，那么会导致非预期行为的发生，甚至出现恶意代码执行，这类问题称进程控制。导致进程控制的最主要原因是：从一个不可信赖的数据源或不可信赖的环境中加载动态库。例如，使用 LoadLibrary() 函数加载动态库，在没有指明绝对路径的情况下，顺序会由搜索顺序决定，而搜索顺序由注册表主键控制，如表 2-15 所示。本节分析进程控制产生的原因、危害以及修复方法。

表 2-15 注册表主键与搜索顺序

注册表主键	搜 索 顺 序
SafeDllSearchMode=1	1. 应用程序被加载的目录 2. 系统目录 3. 16 位系统目录（如果有的话） 4. Windows 目录 5. 当前目录 6. PATH 环境变量中列出的目录
SafeDllSearchMode=0	1. 应用程序被加载的目录 2. 当前目录 3. 系统目录 4. 16 位系统目录（如果有的话） 5. Windows 目录 6. PATH 环境变量中列出的目录

2.16.2 进程控制的危害

在使用动态库加载函数时，如果攻击者可以把一个同名的恶意库文件放置在搜索顺序靠前的位置，甚至优先于应用程序所需加载文件的位置，那么应用程序将会加载该恶意库的副本，而不是原本所需的文件，从而导致恶意代码执行。

2.16.3 实例代码

本节使用实例的完整源代码可参考本书配套资源文件夹,源文件名:CWE114_Process_Control__w32_char_file_01.c。

1)缺陷代码

```
31. void CWE114_Process_Control__w32_char_file_01_bad()
32. {
33.     char * data;
34.     char dataBuffer[100] = "";
35.     data = dataBuffer;
36.     {
37.         /* Read input from a file */
38.         size_t dataLen = strlen(data);
39.         FILE * pFile;
40.         /* if there is room in data, attempt to read the input
                from a file */
41.         if (100-dataLen > 1)
42.         {
43.             pFile = fopen(FILENAME, "r");
44.             if (pFile != NULL)
45.             {
46.                 /* POTENTIAL FLAW: Read data from a file */
47.                 if (fgets(data+dataLen, (int)(100-dataLen),
                        pFile) == NULL)
48.                 {
49.                     printLine("fgets() failed");
50.                     /* Restore NUL terminator if fgets fails */
51.                     data[dataLen] = '\0';
52.                 }
53.                 fclose(pFile);
54.             }
55.         }
56.     }
57.     {
58.         HMODULE hModule;
```

```
59.        /* POTENTIAL FLAW: If the path to the library is not
           specified, an attacker may be able to
60.         * replace his own file with the intended library */
61.        hModule = LoadLibraryA(data);
62.        if (hModule != NULL)
63.        {
64.            FreeLibrary(hModule);
65.            printLine("Library loaded and freed successfully");
66.        }
67.        else
68.        {
69.            printLine("Unable to load library");
70.        }
71.    }
72. }
```

在第 61 行使用 LoadLibraryA()函数加载动态库,从代码中可以看出,data 在第 35 行进行初始化,并在第 47 行通过 fgets()函数进行赋值,由于 data 的值通过读取外部文件中的字符串来获取,因此其值可能为不完整的文件路径,存在进程控制问题。

2)修复代码

```
79. static void goodG2B()
80. {
81.    char * data;
82.    char dataBuffer[100] = "";
83.    data = dataBuffer;
84.    /* FIX: Specify the full pathname for the library */
85.    strcpy(data, "C:\\Windows\\System32\\winsrv.dll");
86.    {
87.        HMODULE hModule;
88.        /* POTENTIAL FLAW: If the path to the library is not
               specified, an attacker may be able to
89.         * replace his own file with the intended library */
90.        hModule = LoadLibraryA(data);
91.        if (hModule != NULL)
92.        {
```

```
93.         FreeLibrary(hModule);
94.         printLine("Library loaded and freed successfully");
95.     }
96.     else
97.     {
98.         printLine("Unable to load library");
99.     }
100. }
101.}
```

上述修复代码的第 85 行将 data 明确赋值为 "C:\\Windows\\System32\\ winsrv.dll",随后在第 90 行使用 LoadLibraryA()函数进行动态加载,从而避免了进程控制问题。

2.16.4　如何避免进程控制

在进行动态库加载时,尽量避免从不可信赖的数据源或不可信赖的环境中读取数据。如果无法避免这种情况,那么应该设计并实现完备的验证机制。

2.17　路径遍历

2.17.1　路径遍历的概念

路径遍历指应用程序接收了未经合理校验的用户参数,用于进行与文件读取和查看相关的操作,而该参数包含了特殊的字符(如".."或"/")。使用这类特殊字符可以摆脱受保护的限制,越权访问一些受保护的文件、目录或者覆盖敏感数据。本节分析路径遍历产生的原因、危害以及修复方法。

2.17.2　路径遍历的危害

路径遍历利用应用程序的特殊符号(如"~/"或"../")进行目录回溯,从而使攻击者越权访问或者覆盖敏感数据(如网站的配置文件、系统的核心文件等）。CVE 中也有一些与之相关的漏洞信息，如表 2-16 所示。

表 2-16　与路径遍历相关的漏洞信息

漏洞编号	漏洞概述
CVE-2021-21475	在某些特定情况下，SAP Master Data Management 710 和 710.750 版本对用户所提供的路径的信息验证不足，可使未经授权的攻击者将表示"遍历父目录"的字符传递到文件 API 中。攻击者可利用该路径遍历漏洞读取远程服务器上任意文件的内容并泄露敏感数据
CVE-2020-15097	Loklak 是一款从多种来源收集信息的开源服务器应用程序，包含一个搜索索引和端对端索引共享接口，且所有信息均存储在一个 elasticsearch 索引中。由于对 Loklak 服务器公开的 API 中的输入验证不充分，因此导致存在路径遍历漏洞。攻击者可检索并修改托管在文件系统上应用程序可读取的管理配置和文件。此外，受用户控制的内容可被写入应用程序可读的任意管理配置和文件
CVE-2018-1656	IBM Java 运行时的 Java 诊断工具框架（IBM SDK，Java Technology Edition 6.0、7.0 和 8.0 版本）在提取压缩转存文件时未能防止路径遍历攻击
CVE-2018-1999020	在 Open Networking Foundation ONOS 1.13.2 及之前版本中包含一个路径遍历漏洞，可导致任意文件删除（覆写）后果。攻击者可通过上传特殊构造的 Zip 文件的方式发动攻击
CVE-2018-14371	Eclipse Mojarra 2.3.7 之前版本的 ResourceManager.java 中的 getLocalePrefix 函数受因 loc 参数引发的路径遍历漏洞的影响，导致远程攻击者可从应用程序下载配置文件或 Java 字节码
CVE-2018-1000194	Jenkins 2.120 及之前版本、LTS 2.107.2 及之前版本的 FilePath.java、SoloFilePathFilter.java 中存在路径遍历漏洞，导致恶意代理可绕过 agent-to-master 安全子系统保护机制，在 Jenkins 主服务器上读/写任意文件

2.17.3　实例代码

本节使用实例的完整源代码可参考本书配套资源文件夹，源文件名：CWE23_Relative_Path_Traversal__Environment_41.java。

1）缺陷代码

代码片段 1：

```
27.private void badSink(String data ) throws Throwable
28.{
29.
30. String root;
```

```
31. if(System.getProperty("os.name").toLowerCase().indexOf("win")
       >= 0)
32. {
33.     /* running on Windows */
34.     root = "C:\\uploads\\";
35. }
36. else
37. {
38.     /* running on non-Windows */
39.     root = "/home/user/uploads/";
40. }
41.
42. if (data != null)
43. {
44.     /* POTENTIAL FLAW: no validation of concatenated value */
45.     File file = new File(root + data);
46.     FileInputStream streamFileInputSink = null;
47.     InputStreamReader readerInputStreamSink = null;
48.     BufferedReader readerBufferdSink = null;
49.     if (file.exists() && file.isFile())
50.     {
```

代码片段 2：

```
106. public void bad() throws Throwable
107. {
108.     String data;
109.
110.     /* get environment variable ADD */
111.     /* POTENTIAL FLAW: Read data from an environment
            variable */
112.     data = System.getenv("ADD");
113.
114.     badSink(data );
115. }
```

在第 112 行获取环境变量的值 data，在第 45 行创建一个 File 对象，构造函数的参数是传入的环境变量的值 data，接收参数后未对参数做合理校验。当环境变量的值为包含了跟路径相关的 ".." 或 "/" 时，假定文件路径有效，则可能导致读/取或访问受限的文件和目录。

2）修复代码

```
106.public void bad() throws Throwable
107.{
108.    String data;
109.
110.    /* get environment variable ADD */
111.    /* POTENTIAL FLAW: Read data from an environment
           variable */
112.    data = System.getenv("ADD");
113.    String s =filter(data);
114.    badSink(s);
115.}
116.public String filter(String data) {
117.    Pattern pattern = Pattern.compile("[\\s\\\\/:\\*\\?\\"<>\\|]");
118.    Matcher matcher = pattern.matcher(data);
119.    data= matcher.replaceAll("");
120.    return data;
121.}
```

在调用 badSink() 函数之前，我们先对传入的参数进行处理。在第 112 行获取环境变量并赋值给 data，这时使用正则表达式过滤特殊字符（/、\、"、:、|、*、?、<、>）。当再调用 badSink() 函数时，若 data 的值为 "../file.bat"，则经过过滤后为 "..file.bat"，使可以被访问的文件始终保持在 "C:\uploads\" 下，这样就避免了路径遍历的发生。

2.17.4 如何避免路径遍历

（1）程序对非受信的用户输入数据进行净化，对网站用户提交过来的文件名进行硬编码或者统一编码，过滤非法字符。

（2）对文件后缀进行白名单控制，对包含了恶意符号或者空字节的扩展名进行拒绝处理。

（3）合理配置 Web 服务器的目录权限。

2.18 重定向

2.18.1 重定向的概念

重定向漏洞指 Web 应用程序接收用户控制的输入，该输入指向外部站点的 URL，攻击者通过对 URL 进行编码或者携带参数，令篡改后的 URL 看起来与原始站点 URL 很像，并在重定向时使用该 URL，导致用户进入恶意站点。本节分析重定向产生的原因、危害以及修复方法。

2.18.2 重定向的危害

利用重定向漏洞可以诱使用户访问恶意站点、盗取用户密码记录、强制用户下载任意文件等。用户可能会被重定向到包含恶意软件的不可信页面，最终可能会危及用户的机器。如果恶意软件记录键盘或窃取凭据、个人身份信息等重要数据，那么用户将面临诸多风险，且可能损害用户与 Web 服务器的交互。CVE 中也有一些与之相关的漏洞信息，如表 2-17 所示。

表 2-17 与重定向相关的漏洞信息

漏洞编号	漏洞概述
CVE-2021-21291	OAuth2 代理是一款开源反向代理和静态文件服务器，使用谷歌、GitHub 等供应商提供的认证服务。认证服务通过邮件、域名或群组对账户进行验证。在 OAuth2 Proxy 7.0.0 之前版本中，对于使用白名单域功能的用户而言，与预期域结尾方式类似的域名可被视为重定向目标
CVE-2020-10775	Ovirt-engine 4.4 及之前版本存在一个重定向漏洞，远程攻击者可将用户重定向到任意网站并尝试发动网络钓鱼攻击。用户在浏览器中打开恶意的 URL 后，URL 的关键部分将不再可见。此漏洞的最大威胁在于对机密性的影响
CVE-2019-4166	IBM StoredIQ 7.6 可使远程攻击者利用开放重定向漏洞发动网络钓鱼攻击。远程攻击者说服受害者访问特别构造的网站，将用户重定向到看似可信的恶意网站，从而获取高度敏感的信息或进一步攻击受害者

（续表）

漏洞编号	漏洞概述
CVE-2019-10255	在 Jupyter Notebook 5.7.7 之前版本的所有浏览器以及 JupyterHub 0.9.5 之前版本的某些浏览器（Chrome、Firefox）中存在一个开放重定向漏洞，攻击者可构造登录页面链接，当用户成功登录后可被重定向到恶意网站。以 base_url 为前缀运行的服务器不受影响
CVE-2019-3850	Moodle 3.6.3、3.5.5、3.4.8 和 3.1.17 及之前版本存在一个重定向漏洞。作业提交评论中的链接将（在同一窗口中）直接打开。虽然链接本身可能是合法的，但由于在同一窗口中打开并且不具备 no-referrer 头策略，因此系统更易受攻击

2.18.3 实例代码

本节使用实例的完整源代码可参考本书配套资源文件夹，源文件名：CWE601_Open_Redirect__Servlet_connect_tcp_01.java。

1）缺陷代码

代码片段 1：

```
49.         /* Read data using an outbound tcp connection */
50.         socket = new Socket("host.example.org", 39544);
51.
52.         /* read input from socket */
53.
54.         readerInputStream = new InputStreamReader
                    (socket.getInputStream(), "UTF-8");
55.         readerBuffered = new BufferedReader
                    (readerInputStream);
56.
57.         /* POTENTIAL FLAW: Read data using an outbound tcp
                    connection */
58.         data = readerBuffered.readLine();
```

代码片段 2：

```
112.        try
113.        {
114.            uri = new URI(data);
115.        }
116.        catch (URISyntaxException exceptURISyntax)
```

```
117.        {
118.            response.getWriter().write("Invalid redirect
                URL");
119.            return;
120.        }
121.        /* POTENTIAL FLAW: redirect is sent verbatim;
            escape the string to prevent ancillary issues like XSS,
            Response splitting etc */
122.        response.sendRedirect(data);
123.        return;
```

上述代码的目的是获取用户输入的数据并将该数据作为重定向的 URL 地址进行跳转。在第 54 行获取 socket 对象从客户端发送给服务器端的数据流，InputStreamReader 是从字节流到字符流的桥接器，使用 UTF-8 读取字节并将它们解码为字符，在第 55 行将 readerInputStream 作为参数构造字符缓冲输入流，在第 58 行使缓冲流读取一行数据并赋值给 data，在第 122 行将 response 重定向到 data 指定的 URL。该 URL 并未被校验，无法确定是否安全，进行重定向可能会使用户进入钓鱼网站，窃取用户信息等，会对用户的信息以及财产安全造成严重的威胁。

2）修复代码

```
112.        try
113.        {
114.            uri = new URI(data);
115.        }
116.        catch (URISyntaxException exceptURISyntax)
117.        {
118.            response.getWriter().write("Invalid redirect
                URL");
119.            return;
120.        }
121.        /* POTENTIAL FLAW: redirect is sent verbatim;
            escape the string to prevent ancillary issues like XSS,
            Response splitting etc */
122.        response.sendRedirect("/SafeURL");
```

上述修复代码的第 122 行不使用用户传入数据,改为直接在程序内部控制重定向的 URL,避免出现钓鱼、盗取用户信息等安全问题。

2.18.4　如何避免重定向

(1)尽量避免使用重定向和转发机制,如果使用了,那么在定义目标 URL 时不要包含用户参数。

(2)如果一定要包含用户输入的参数,那么每个参数都必须进行验证,以确保合法性和正确性,或是在服务器端提供映射机制,将用户的选择参数转变为真正的白名单目标页面。

2.19　日志伪造

2.19.1　日志伪造的概念

当日志条目包含未经授权的用户输入时,会造成日志伪造。攻击者可以向应用程序提供包含特殊字符的内容,在日志文件中插入错误的条目。当日志文件自动处理时,会将恶意条目写入日志文件,错误的日志条目会破坏文件格式,由此掩盖攻击者的入侵轨迹。或者通过回车符和换行符构造输入,将合法的日志条目进行拆分。本节分析日志伪造产生的原因、危害以及修复方法。

2.19.2　日志伪造的危害

利用该漏洞攻击者可以跨越信任边界,获取敏感数据。攻击者将脚本注入日志文件,在使用 Web 浏览器查看文件时,浏览器可以向攻击者提供管理员 Cookie 的副本,从而使攻击者获得管理员的访问权限。

2.19.3　实例代码

本节使用实例的完整源代码可参考本书配套资源文件夹,源文件名:

LogForging.java。

1）缺陷代码

```
29.super.doGet(request, response);
30.String username = request.getParameter("username");
31.String password = request.getParameter("password");
32.boolean loginSuccessful = userService.login(username,
    password);
33.if (loginSuccessful) {
34.    logger.severe("User login succeeded for: " + username);
35.} else {
36.    logger.severe("User login failed for: " + username);
37.}
```

上述代码的目的是根据用户登录状态进行判断并记录日志。在第 29 行调用父类的 doGet()方法，在第 30 行、第 31 行获取请求参数 username 和 password，在第 32～36 行判断用户名、密码是否正确，并输出相应的日志信息。当用户名输入合法时会正确记录日志。例如：

```
INFO: User login succeeded for jack 或 INFO: User login failed
for jack
```

当用户提供的字符串为：

```
jack %0a%0aINFO:+User+login+succeeded +for+tom
```

在日志记录中会记录下列条目：

```
INFO:User login failed for jack
INFO:User login succeeded for tom
```

此时在日志文件中产生了两条日志记录。显然，攻击者可以使用同样的机制插入任意日志条目。

2）修复代码

```
29.super.doGet(request, response);
30.String username = request.getParameter("username");
31.String password = request.getParameter("password");
32.boolean loginSuccessful = userService.login(username,
    password);
33.String afterUsername = StringEscapeUtils.escapeJavaScript
```

```
            (username);
34. if (loginSuccessful) {
35.     logger.severe("User login succeeded for: " + afterUsername);
36. } else {
37.     logger.severe("User login failed for: " + afterUsername);
38. }
```

上述修复代码的第 33 行调用 org.apache.commons.lang 包中 StringEscape Utils 类的静态方法 escapeJavaScript()，该方法使用 JavaScript 字符串规则进行字符转义。

2.19.4 如何避免日志伪造

避免日志伪造可在程序输入和输出时分别进行控制。假设所有输入都是恶意的，则拒绝任何不符合规范的输入，严格校验字段相关属性，包括长度、输入类型、接受值的范围等，或将其转换为符合规范的输入。在日志输出时指定输出编码格式，若未指定编码格式，则在输出时不同编码格式下的某些字符可能被视为特殊字符。

第 3 章
资源管理类缺陷分析

3.1 缓冲区上溢

3.1.1 缓冲区上溢的概念

缓冲区溢出指向缓冲区填充数据时溢出了缓冲区的边界导致覆盖相邻的内存而产生的安全问题。造成缓冲区溢出的原因有很多，主要原因如下。

（1）C/C++语言中存在一系列危险函数，使用这些函数对缓冲区进行操作时，若不执行边界检查，则很容易导致溢出。例如，strcpy()、strcat()、sprintf()、gets()函数等。

（2）数据源于不可信源。当缓冲区操作依赖于不可信源数据的输入时，可能导致缓冲区溢出。不可信源数据包括命令行参数、配置文件、网络通信、数据库、环境变量、注册表值，以及其他来自应用程序以外的输入等。

缓冲区溢出又可以细分为缓冲区上溢和缓冲区下溢。缓冲区上溢指当填充数据溢出时，溢出部分覆盖的是上级缓冲区；而与之对应的是缓冲区下溢，指当填充数据溢出时，溢出部分覆盖的是下级缓冲区。本节分析缓冲区上溢产生的原因、危害以及修复方法。

3.1.2 缓冲区上溢的危害

缓冲区上溢是 C/C++程序中非常严重的漏洞类型，可能导致程序崩溃、执行恶意代码等后果。CVE 中也有一些与之相关的漏洞信息，如表 3-1 所示。

第3章 资源管理类缺陷分析

表 3-1 与缓冲区上溢相关的漏洞信息

漏 洞 编 号	漏 洞 概 述
CVE-2018-1000804	Contiki-NG 4 包含 AQL（Antelope 查询语言）数据库引擎中的缓冲区溢出漏洞。攻击者能够在使用 Contiki-NG 操作系统的设备上执行远程代码
CVE-2019-9209	Wireshark 2.4.0 至 2.4.12 版本、2.6.0 至 2.6.6 版本中的 ASN.1 BER 及相关解析器存在缓冲区溢出漏洞。攻击者可利用该漏洞使解析器崩溃
CVE-2020-9586	基于 Windows 平台的 Adobe Character Animator 2020 3.2 及之前版本存在缓冲区溢出漏洞。攻击者可利用该漏洞执行任意代码
CVE-2021-3345	Libgcrypt before 1.9.0 存在缓冲区错误漏洞，该漏洞源于 cipher/hash-common.c 中的 _gcry_md_block_write 函数，在设置一个大的计数值时出现基于堆的缓冲区溢出

3.1.3 实例代码

本节使用实例的完整源代码可参考本书配套资源文件夹，源文件名：CWE124_Buffer_Underwrite__new_char_cpy_01.cpp。

1）缺陷代码

```
26.void bad()
27.{
28.    char * data;
29.    data = NULL;
30.    {
31.        char * dataBuffer = new char[100];
32.        memset(dataBuffer, 'A', 100-1);
33.        dataBuffer[100-1] = '\0';
34.        /* FLAW: Set data pointer to before the allocated
           memory buffer */
35.        data = dataBuffer - 8;
36.    }
37.    {
38.        char source[100];
39.        memset(source, 'C', 100-1); /* fill with 'C's */
40.        source[100-1] = '\0'; /* null terminate */
41.        /* POTENTIAL FLAW: Possibly copying data to memory
           before the
42.        destination buffer */
43.        strcpy(data, source);
```

```
44.        printLine(data);
45.        /* INCIDENTAL CWE-401: Memory Leak - data may not
           point to location
46.         * returned by new [] so can't safely call delete []
           on it */
47.    }
48. }
```

上述代码的第 35 行对指针 data 进行赋值，通过赋值操作可以看出指针 data 指向 dataBuffer-8。当在第 43 行使用 srtcpy() 进行内存复制时，溢出部分超出了 data 的上边界，导致缓冲区上溢问题。

2）修复代码

```
56. static void goodG2B()
57. {
58.     char * data;
59.     data = NULL;
60.     {
61.         char * dataBuffer = new char[100];
62.         memset(dataBuffer, 'A', 100-1);
63.         dataBuffer[100-1] = '\0';
64.         /* FIX: Set data pointer to the allocated
            memory buffer */
65.         data = dataBuffer;
66.     }
67.     {
68.         char source[100];
69.         memset(source, 'C', 100-1); /* fill with 'C's */
70.         source[100-1] = '\0'; /* null terminate */
71.         /* POTENTIAL FLAW: Possibly copying data to memory
            before the destination buffer */
72.         strcpy(data, source);
73.         printLine(data);
74.         /* INCIDENTAL CWE-401: Memory Leak - data may not
            point to location
75.          * returned by new [] so can't safely call delete []
            on it */
76.     }
77. }
```

上述修复代码的第 65 行对指针 data 进行赋值,将 data 指向 dataBuffer,此时 data 的长度与 dataBuffer 一致。当在第 72 行进行复制操作时,源缓冲区与目的缓冲区长度相同,从而避免了缓冲区上溢的问题。该问题也可以通过对边界进行检查来修复。

3.1.4 如何避免缓冲区上溢

(1)尽量避免使用不安全的内存操作函数,如表 3-2 所示。

表 3-2 不安全的内存操作函数

函数类型	函数名称
有关字符串复制的 API	strcpy、wcscpy、_tcscpy、_mbscpy、StrCpy、StrCpyA、StrCpyW、lstrcpy、lstrcpyA、lstrcpyW、strcpyA、strcpyW、_tccpy、_mbccpy
有关字符串合并的 API	strcat、wcscat、_tcscat、_mbscat、StrCat、StrCatA、StrCatW、lstrcat、lstrcatA、lstrcatW、StrCatBuffW、StrCatBuff、StrCatBuffA、StrCatChainW、strcatA、strcatW、_tccat、_mbccat
有关 sprintf 的 API	wnsprintf、wnsprintfA、wnsprintfW、sprintfW、sprintfA、wsprintf、wsprintfW、wsprintfA、sprintf、swprintf、_stprintf

(2)当向缓冲区中填充数据时必须进行边界检查。尤其当使用外部输入数据作为数据源进行内存相关操作时,应格外注意边界检查。污染数据是造成缓冲区上溢的重要原因之一。

3.2 缓冲区下溢

3.2.1 缓冲区下溢的概念

3.1 节对缓冲区上溢进行了分析,本节对缓冲区溢出的另一种情况——缓冲区下溢进行描述。缓冲区上溢中介绍的造成缓冲区溢出的原因同样适用于缓冲区下溢,因此本节不再赘述。简单说,缓冲区下溢指当填充数据溢出时,溢出部分覆盖的是下级缓冲区。本节分析缓冲区下溢产生的原因、危害以及修复方法。

3.2.2 缓冲区下溢的危害

缓冲区下溢是 C/C++程序中非常严重的漏洞类型，可能导致程序崩溃、执行恶意代码等后果。CVE 中也有一些与之相关的漏洞信息，如表 3-3 所示。

表 3-3　与缓冲区下溢相关的漏洞信息

漏 洞 编 号	漏 洞 概 述
CVE-2018-1000637	zutils 是一款压缩文件处理实用程序。该程序支持压缩/解压缩、压缩文件比较和压缩文件完整性校验等功能。zcat 是其中的一个解压缩实用程序。zutils 1.8-pre2 之前版本中的 zcat 存在缓冲区溢出漏洞。攻击者可借助特制的压缩文件并利用该漏洞造成拒绝服务或执行任意代码
CVE-2018-5388	strongSwan 5.6.3 之前版本在实现上存在缓冲区下溢漏洞。攻击者利用此漏洞可耗尽资源，导致拒绝服务
CVE-2019-9729	Shanda MapleStory Online 160 版本中的 SdoKeyCrypt.sys 驱动程序存在缓冲区下溢漏洞，该漏洞源于程序未验证 IOCtl 0x8000c01c 的输入值。本地攻击者利用该漏洞可获取系统升级权限
CVE-2020-24658	Arm Compiler 5 和 5.06u6 版本存在缓冲区下溢漏洞

3.2.3 实例代码

本节使用实例的完整源代码可参考本书配套资源文件夹，源文件名：CWE121_Stack_Based_Buffer_Overflow__CWE193_char_alloca_cpy_01.c。

1）缺陷代码

```
24.#define SRC_STRING "AAAAAAAAAA"
25.
26.#ifndef OMITBAD
27.
28.void CWE121_Stack_Based_Buffer_Overflow__CWE193_char_alloca_
   cpy_01_bad()
29.{
30.    char * data;
31.    char * dataBadBuffer = (char *)ALLOCA((10)*sizeof(char));
32.    char * dataGoodBuffer = (char *)ALLOCA((10+1)*sizeof
   (char));
33.    /* FLAW: Set a pointer to a buffer that does not leave room
```

```
34.        for a NULL terminator when performing
35.      * string copies in the sinks */
36.      data = dataBadBuffer;
37.      data[0] = '\0'; /* null terminate */
38.      {
39.          char source[10+1] = SRC_STRING;
40.          /* POTENTIAL FLAW: data may not have enough space to
                hold source */
41.          strcpy(data, source);
42.          printLine(data);
43.      }
44.}
```

上述代码的第 36 行对指针 data 进行赋值，通过赋值操作可以看出指针 data 指向 dataBadBuffer。当在第 41 行使用 strcpy() 进行内存复制时，源缓冲区长度大于目的缓冲区长度，从而产生溢出。溢出部分超出了 dataBadBuffer 的下边界，导致缓冲区下溢问题。

2）修复代码

```
51.static void goodG2B()
52.{
53.      char * data;
54.      char * dataBadBuffer = (char *)ALLOCA((10)*sizeof(char));
55.      char * dataGoodBuffer = (char *)ALLOCA((10+1)*sizeof(char));
56.      /* FIX: Set a pointer to a buffer that leaves room for a
             NULL terminator when performing
57.       * string copies in the sinks */
58.      data = dataGoodBuffer;
59.      data[0] = '\0'; /* null terminate */
60.      {
61.          char source[10+1] = SRC_STRING;
62.          /* POTENTIAL FLAW: data may not have enough space to
                hold source */
63.          strcpy(data, source);
64.          printLine(data);
65.      }
66.}
```

上述修复代码的第 58 行对指针 data 进行赋值，将 data 指向 dataGoodBuffer，此时 data 的长度与 source 一致。当在第 63 行使用 strcpy()进行复制操作时，源缓冲区与目的缓冲区长度相同，从而避免了缓冲区下溢的问题。该问题也可以通过对边界进行检查来修复。

3.2.4 如何避免缓冲区下溢

（1）尽量避免使用不安全的内存操作函数。

（2）对返回值有明确指示意义的内存操作函数，应对函数返回值进行有效判断，从而判断操作是否成功。

（3）在向缓冲区中填充数据时必须进行边界检查。

3.3 越界访问

3.3.1 越界访问的概念

越界访问指预先申请了一块内存，但在使用这块内存时超出了申请的范围，从而引发越界。例如，当程序访问一个数组中的元素时，如果索引值超出数组的长度，就会访问数组之外的内存。C/C++没有对数组做边界检查，不检查下标是否越界可以提升程序运行的效率，但同时也把检查是否越界的任务交给了开发人员。因此，开发人员在编写程序时，需要额外注意避免越界访问。本节分析越界访问产生的原因、危害以及修复方法。

3.3.2 越界访问的危害

越界访问是 C/C++语言中常见的缺陷，它并不一定会造成编译错误，造成的后果也不确定。当出现越界时，由于无法得知被访问内存存储的内容，因此会产生不确定的行为，可能是程序崩溃、运算结果非预期，也有可能没有影响。CVE 中也有一些与之相关的漏洞信息，如表 3-4 所示。

表 3-4 与越界访问相关的漏洞信息

漏 洞 编 号	漏 洞 概 述
CVE-2018-1999015	FFmpeg commit 5aba5b89d0b1d73164d3b81764828bb8b20ff32a 之前版本中的 ASF_F 格式分离器存在数组越界读取漏洞。攻击者可利用该漏洞造成栈内存读取
CVE-2018-1999014	FFmpeg commit bab0716c7f4793ec42e05a5aa7e80d82a0dd4e75 之前版本中的 MXF 格式分离器存在数组越界访问漏洞。攻击者可利用该漏洞造成拒绝服务
CVE-2018-1999010	FFmpeg commit cced03dd667a5df6df8fd40d8de0bff477ee02e8 之前版本中的 mms 协议存在多个数组越界访问漏洞。攻击者可利用该漏洞造成拒绝服务
CVE-2019-7963	基于 Windows 和 macOS 平台的 Adobe Bridge CC 9.0.2 及之前版本存在越界读取漏洞。攻击者可利用该漏洞泄露信息
CVE-2020-8672	Intel(R) Core(TM)、Intel(R) Celeron(R)的 8、9 版本存在越界读取漏洞。攻击者可利用该漏洞通过本地访问启用特权提升或拒绝服务

3.3.3 实例代码

本节使用实例的完整源代码可参考本书配套资源文件夹，源文件名：CWE121_Stack_Based_Buffer_Overflow__CWE129_fgets_01.c。

1）缺陷代码

```
43.     int i;
44.     int buffer[10] = { 0 };
45.     /* POTENTIAL FLAW: Attempt to write to an index of the
46.     array that is above the upper bound
47.     * This code does check to see if the array index is
        negative */
48.     if (data >= 0)
49.     {
50.         buffer[data] = 1;
51.         /* Print the array values */
52.         for(i = 0; i < 10; i++)
53.         {
54.             printIntLine(buffer[i]);
55.         }
56.     }
57.     else
```

```
58.        {
59.            printLine("ERROR: Array index is negative.");
60.        }
61.    }
62. }
```

上述代码的第 48 行对 data 的长度进行判断，但只判断了长度是否为负数，并没有对上限进行限制（边界检查不完整）。当 data 的值大于 9 时，第 50 行 buffer[data] 的数组下标越界。

2）修复代码

```
118.    int i;
119.    int buffer[10] = { 0 };
120.    /* FIX: Properly validate the array index and prevent
        a buffer overflow */
121.    if (data >= 0 && data < (10))
122.    {
123.        buffer[data] = 1;
124.        /* Print the array values */
125.        for(i = 0; i < 10; i++)
126.        {
127.            printIntLine(buffer[i]);
128.        }
129.    }
130.    else
131.    {
132.        printLine("ERROR: Array index is out-of-bounds");
133.    }
134. }
135. }
```

上述修复代码的第 121 行对 data 的边界进行了完整检查，因此避免在传入第 123 行的 buffer[data] 时发生越界。

3.3.4 如何避免越界访问

（1）进行有效的边界检查，确保操作在合法的范围之内。尤其是当使用外部输入数据作为数据源进行内存相关操作时，应格外注意边界检查。污染数据是造成越界访问的重要原因之一。

（2）显式地指定数组边界，不仅可以使程序的可读性提高，同时，大多数的编译器在数组长度小于初始化值列表的长度时会给出警告，这些警告信息可以帮助开发人员尽早发现越界问题。

（3）在使用循环遍历数组元素时，需注意防范 off-by-one（一个字节越界）的错误。

3.4 释放后使用

3.4.1 释放后使用的概念

当动态分配的内存释放时，该内存的内容是不确定的，有可能保持完整并可以被访问。什么时候重新分配或回收释放的内存是由内存管理程序决定的，但是也可能该内存的内容已经被改变，从而导致意外的程序行为。因此，当内存释放之后，应保证不再对它进行写入或读取。本节分析释放后使用产生的原因、危害以及修复方法。

3.4.2 释放后使用的危害

由内存管理导致的问题是 C/C++程序中常见的漏洞之一。释放后使用会导致潜在风险，包括程序异常终止、任意代码执行和拒绝服务攻击等。CVE 中也有一些与之相关的漏洞信息，如表 3-5 所示。

表 3-5　与释放后使用相关的漏洞信息

漏洞编号	漏洞概述
CVE-2018-1000051	Artifex Mupdf V1.12.0 的 fz_keep_key_storable 存在一个释放后使用漏洞，可导致拒绝服务或代码执行问题
CVE-2018-17474	在 Chrome 浏览器 70.0.3538.67 之前版本中，其 Blink 引擎的 HTMLImportsController 中存在一个释放后使用漏洞，很有可能导致远程攻击者通过一个特殊构造的 HTML 页面去利用堆损坏问题

（续表）

漏洞编号	漏洞概述
CVE-2018-15924	在 Adobe Acrobat 和 Reader 2018.011.20063 及之前版本、2017.011.30102 及之前版本、2015.006.30452 及之前版本中存在释放后使用漏洞。远程攻击者可利用该漏洞执行任意代码
CVE-2019-9447	Android Kernel 中的 FingerTipS Touchscreen 驱动程序存在释放后使用漏洞。攻击者可利用该漏洞提升权限
CVE-2020-9606	在 Adobe Acrobat 和 Reader 2020.006.20042 及之前版本、2017.011.30166 及之前版本、2015.006.30518 及之前版本中存在释放后使用漏洞。攻击者可利用该漏洞执行任意代码
CVE-2021-3348	Linux kernel through 5.10.12 存在释放后使用漏洞。本地攻击者可利用该漏洞在设备安装过程中的某个点通过 I/O 请求触发攻击

3.4.3 实例代码

本节使用实例的完整源代码可参考本书配套资源文件夹，源文件名：CWE416_Use_After_Free__malloc_free_char_01.c。

1）缺陷代码

```
24.void CWE416_Use_After_Free__malloc_free_char_01_bad()
25.{
26.    char * data;
27.    /* Initialize data */
28.    data = NULL;
29.    data = (char *)malloc(100*sizeof(char));
30.    if (data == NULL) {exit(-1);}
31.    memset(data, 'A', 100-1);
32.    data[100-1] = '\0';
33.    /* POTENTIAL FLAW: Free data in the source - the
34.    bad sink attempts to use data */
35.    free(data);
36.    /* POTENTIAL FLAW: Use of data that may have been freed */
37.    printLine(data);
38.    /* POTENTIAL INCIDENTAL - Possible memory leak here
39.    if data was not freed */
40.}
```

上述代码的第 29 行使用 malloc() 进行内存分配，并在第 35 行使用 free() 对分配的内存进行释放，但在第 37 行使用已经释放的内存，从而导致释放后使用问题。

2）修复代码

```
63. static void goodB2G()
64. {
65.     char * data;
66.     /* Initialize data */
67.     data = NULL;
68.     data = (char *)malloc(100*sizeof(char));
69.     if (data == NULL) {exit(-1);}
70.     memset(data, 'A', 100-1);
71.     data[100-1] = '\0';
72.     /* POTENTIAL FLAW: Free data in the source - the bad sink
        attempts to use data */
73.     free(data);
74.     /* FIX: Don't use data that may have been freed already */
75.     /* POTENTIAL INCIDENTAL - Possible memory leak here if
        data was not freed */
76.     /* do nothing */
77.     ; /* empty statement needed for some flow variants */
78. }
```

上述修复代码的第 68 行使用 malloc() 进行内存分配，并在第 73 行使用 free() 进行释放，释放后不再对该内存进行其他操作。

3.4.4 如何避免释放后使用

（1）释放内存时请务必置空指针，虽然这种方法对于多重或复杂数据结构利用的有效性有限，但可以从一定程度上规避问题。

（2）在循环语句中进行内存分配或释放时，需谨慎确认是否存在问题。

（3）使用源代码静态分析工具进行自动化的检测，可以有效发现源代码中的释放后使用问题。

3.5 二次释放

3.5.1 二次释放的概念

二次释放简单理解就是指对同一个指针指向的内存释放了两次。对于 C 语言源代码，同一个指针进行两次 free() 操作，可能导致二次释放。对于 C++语言源代码，浅复制操作不当是导致二次释放常见的原因之一。例如，调用一次赋值运算符或复制构造函数将会导致两个对象的数据成员指向相同的动态内存。此时，引用计数机制变得非常重要。当引用计数不当，一个对象超出作用域时，析构函数将会释放这两个对象共享的内存。另一个对象中对应的数据成员将会指向已经释放的内存地址，而当这个对象也超出作用域时，它的析构函数试图再次释放这块内存，导致二次释放问题。本节分析二次释放产生的原因、危害以及修复方法。

3.5.2 二次释放的危害

二次释放内存可能导致应用程序崩溃、拒绝服务攻击等问题，是 C/C++中常见的漏洞之一。CVE 中也有一些与之相关的漏洞信息，如表 3-6 所示。

表 3-6 与二次释放相关的漏洞信息

漏洞编号	漏洞概述
CVE-2018-18751	GNU gettext 0.19.8 的 read-catalog.c 文件中的 default_add_message()函数存在二次释放漏洞
CVE-2018-17097	Olli Parviainen SoundTouch 2.0 的 WavFile.cpp 文件中的 WavFileBase 类存在安全漏洞。远程攻击者可利用该漏洞造成拒绝服务（二次释放）
CVE-2018-16425	OpenSC 0.19.0-rc1 之前版本的 libopensc/pkcs15-sc-hsm.c 文件中的 sc_pkcs15emu_sc_hsm_init() 函数存在二次释放漏洞。攻击者可借助特制的智能卡，利用该漏洞造成拒绝服务（应用程序崩溃）
CVE-2018-16402	elfutils 0.173 的 libelf/elf_end.c 文件存在安全问题。远程攻击者可利用该漏洞造成拒绝服务（二次释放和应用程序崩溃）
CVE-2019-5460	VideoLAN VLC media player 3.0.6 及之前版本存在二次释放漏洞

(续表)

漏洞编号	漏洞概述
CVE-2020-8432	Denx Das U-Boot 2020.01 及之前版本的 cmd/gpt.c 文件中的 do_rename_gpt_parts()函数存在二次释放漏洞。攻击者可借助特制请求，利用该漏洞在系统上执行任意代码

3.5.3 实例代码

本节使用实例的完整源代码可参考本书配套资源文件夹，源文件名：CWE415_Double_Free__malloc_free_char_17.c。

1）缺陷代码

```
24.void CWE415_Double_Free__malloc_free_char_17_bad()
25.{
26.    int i,j;
27.    char * data;
28.    /* Initialize data */
29.    data = NULL;
30.    for(i = 0; i < 1; i++)
31.    {
32.        data = (char *)malloc(100*sizeof(char));
33.        if (data == NULL) {exit(-1);}
34.        /* POTENTIAL FLAW: Free data in the source - the bad
35.        sink frees data as well */
36.        free(data);
37.    }
38.    for(j = 0; j < 1; j++)
39.    {
40.        /* POTENTIAL FLAW: Possibly freeing memory twice */
41.        free(data);
42.    }
43.}
```

上述代码的第 32 行使用 malloc() 进行内存分配，并在第 36 行使用 free() 对分配的内存进行释放，在第 38 行的 for 循环语句中，又对已经释放的内存 data 再次进行释放，导致二次释放问题。

2）修复代码

```
50.static void goodB2G()
51.{
52.    int i,k;
53.    char * data;
54.    /* Initialize data */
55.    data = NULL;
56.    for(i = 0; i < 1; i++)
57.    {
58.        data = (char *)malloc(100*sizeof(char));
59.        if (data == NULL) {exit(-1);}
60.        /* POTENTIAL FLAW: Free data in the source - the bad
           sink frees data as well */
61.        free(data);
62.    }
63.    for(k = 0; k < 1; k++)
64.    {
65.        /* do nothing */
66.        /* FIX: Don't attempt to free the memory */
67.        ; /* empty statement needed for some flow variants */
68.    }
69.}
```

上述修复代码的第 58 行使用 malloc()进行内存分配，并在第 61 行使用 free()进行释放，释放后不再对该内存进行释放操作。

3.5.4 如何避免二次释放

（1）野指针是导致二次释放和释放后使用的重要原因之一，消除野指针的有效方式是在释放指针之后立即把它设置为 NULL 或者设置为指向另一个合法的对象。

（2）针对 C++浅拷贝导致的二次释放问题，始终执行深拷贝是不错的解决方案。

（3）使用源代码静态分析工具进行自动化的检测，可以有效发现程序中可能存在的二次释放问题。

3.6 内存泄漏

3.6.1 内存泄漏的概念

内存泄漏指由于疏忽或错误造成程序未能释放已经不再使用的内存。内存泄漏并非指内存在物理上的消失,而是应用程序分配某段内存后,由于设计错误,导致在释放该段内存之前就失去了对该段内存的控制,从而造成内存浪费。或者说,由于软件无法有效跟踪和释放分配的内存,从而导致性能下降。本节分析内存泄漏产生的原因、危害以及修复方法。

3.6.2 内存泄漏的危害

内存泄漏是 C/C++ 程序中常见的漏洞类型,出现内存泄漏,会导致可用内存的数量减少,从而使计算机的性能降低,甚至导致全部或部分设备停止正常工作、应用程序崩溃。CVE 中也有一些与之相关的漏洞信息,如表 3-7 所示。

表 3-7 与内存泄漏相关的漏洞信息

漏洞编号	漏洞概述
CVE-2018-17234	HDF HDF5 1.10.3 的 H5Ocache.c 中的 H5O__chunk_deserialize()函数存在内存泄漏,导致允许攻击者发起拒绝服务攻击
CVE-2018-16807	Bro 是一个开源的网络分析和安全监控的框架。Bro 2.5.5 及之前版本中 Kerberos protocol 解析器的 scripts/base/protocols/krb/main.bro 文件存在内存泄漏。攻击者可利用该漏洞造成拒绝服务
CVE-2018-16750	ImageMagick 7.0.7-29 及之前版本的 coders/meta.c 文件中的 formatIPTCfromBuffer()函数存在内存泄漏
CVE-2018-16641	ImageMagick 7.0.8-6 的 coders/tiff.c 文件中的 TIFFWritePhotoshopLayers()函数存在内存泄漏。攻击者可利用该漏洞造成拒绝服务
CVE-2020-7216	Micro Focus openSUSE wicked 0.6.55 及之前版本存在内存泄漏。攻击者可通过发送 DHCP4 数据包,利用该漏洞造成拒绝服务
CVE-2021-22173	Wireshark 3.4.0 至 3.4.2 版本存在安全漏洞,该漏洞源于 USB HID 解析器内存泄漏

3.6.3 实例代码

本节使用实例的完整源代码可参考本书配套资源文件夹，源文件名：CWE401_Memory_Leak__int64_t_malloc_01.c。

1）缺陷代码

```
24.void CWE401_Memory_Leak__int64_t_malloc_01_bad()
25.{
26.    int64_t * data;
27.    data = NULL;
28.    /* POTENTIAL FLAW: Allocate memory on the heap */
29.    data = (int64_t *)malloc(100*sizeof(int64_t));
30.    if (data == NULL) {exit(-1);}
31.    /* Initialize and make use of data */
32.    data[0] = 5LL;
33.    printLongLongLine(data[0]);
34.    /* POTENTIAL FLAW: No deallocation */
35.    ; /* empty statement needed for some flow variants */
36.}
```

上述代码的第 29 行使用 malloc() 函数进行内存分配，并在第 30 行对分配是否成功进行了判断，但在第 36 行函数结束时，并没有对分配的内存 data 进行有效合理释放，因此产生内存泄漏。

2）修复代码

```
57.static void goodB2G()
58.{
59.    int64_t * data;
60.    data = NULL;
61.    /* POTENTIAL FLAW: Allocate memory on the heap */
62.    data = (int64_t *)malloc(100*sizeof(int64_t));
63.    if (data == NULL) {exit(-1);}
64.    /* Initialize and make use of data */
65.    data[0] = 5LL;
66.    printLongLongLine(data[0]);
67.    /* FIX: Deallocate memory */
68.    free(data);
69.}
```

上述修复代码的第 62 行使用 malloc()函数进行内存分配，在第 68 行函数结束前使用 free() 函数对申请的内存进行释放，从而避免了内存泄漏的发生。

3.6.4　如何避免内存泄漏

（1）在允许的情况下，尽量避免手动管理内存。例如，在 C++ 开发中，使用智能指针可以减少内存泄漏的发生。

（2）在代码编写过程中养成良好的习惯，保证 malloc/new 和 free/delete 匹配使用。

（3）在同一个模块、同一个抽象层中分配内存和释放内存。

（4）使用源代码静态分析工具进行自动化的检测，可以有效发现程序中可能存在的内存泄漏问题。

3.7　文件资源未释放

3.7.1　文件资源未释放的概念

在使用文件、I/O 流、数据库连接等资源时，应该在使用后及时关闭或释放，否则可能造成资源未释放问题。本节主要针对文件资源未释放的情况进行描述。文件的基本操作包括打开、读写、删除、关闭等，打开一个文件后，一般来说当一个程序退出时，所有打开的文件将会自动关闭。尽管如此，我们也应该在不使用时及时手动关闭或释放文件描述符，因为可能存在这样一种情况：程序打开的文件数量超过同时可以打开的文件数量的上限（一个程序可以同时打开的文件数量是有限的，数量上限应小于等于常量 FOPEN_MAX 的值）。本节分析文件资源未释放产生的原因、危害以及修复方法。

3.7.2　文件资源未释放的危害

由文件描述符没有释放或丢失导致的漏洞并不多，但当文件资源未释放缺陷被攻击者利用时，仍然可能出现因信息泄露、服务器资源耗尽而导致的拒绝服务等后果。CVE 中也有一些与之相关的漏洞信息，如表 3-8 所示。

表 3-8 与文件资源未释放相关的漏洞信息

漏洞编号	漏洞概述
CVE-2018-14621	libtirpc 1.0.2-rc2 之前版本存在一个无限循环漏洞，当端口通过轮询方式被使用时，文件描述符耗尽，导致服务器进入无限循环，消耗大量 CPU 时间并拒绝为其他服务器端提供服务
CVE-2018-9275	Yubico PAM 模块（aka pam_yubico）2.18 至 2.25 版本的 util.c 文件中的 check_user_token 存在漏洞。攻击者在成功登录后可以使认证映射文件描述符泄露，从而导致信息泄露（设备的 SN 号）和拒绝服务攻击（达到文件描述符的最大值）
CVE-2020-10726	DPDK 19.11 及之后版本存在资源泄露漏洞。攻击者利用漏洞可造成拒绝服务攻击

3.7.3 实例代码

本节使用实例的完整源代码可参考本书配套资源文件夹，源文件名：CWE775_Missing_Release_of_File_Descriptor_or_Handle__fopen_no_close_01.c。

1）缺陷代码

```
21.void CWE775_Missing_Release_of_File_Descriptor_or_Handle__
    fopen_no_close_01_bad()
22.{
23.    FILE * data;
24.    data = NULL;
25.    /* POTENTIAL FLAW: Open a file without closing it */
26.    data = fopen("BadSource_fopen.txt", "w+");
27.    /* FLAW: No attempt to close the file */
28.    ; /* empty statement needed for some flow variants */
29.}
```

上述代码的第 26 行使用 fopen() 进行文件打开操作，但是在第 29 行函数结束前，没有对打开的文件进行关闭，存在文件资源未释放问题。

2）修复代码

```
36.static void goodB2G()
37.{
38.    FILE * data;
39.    data = NULL;
```

```
40.    /* POTENTIAL FLAW: Open a file without closing it */
41.    data = fopen("BadSource_fopen.txt", "w+");
42.    /* FIX: If the file is still opened, close it */
43.    if (data != NULL)
44.    {
45.        fclose(data);
46.    }
47. }
```

上述修复代码的第 45 行使用 fclose() 进行手动文件关闭。

3.7.4 如何避免文件资源未释放

（1）当文件资源不再使用时，应及时手动进行关闭。

（2）需要特别注意的是，在异常处理的分支中常常忽略资源的关闭。

（3）使用源代码静态分析工具进行自动化的检测，可以辅助定位文件资源未释放问题。

3.8 流资源未释放

3.8.1 流资源未释放的概念

代码质量是软件产品的非功能性质量，也是衡量软件产品的一项隐性指标。软件产品的代码质量不能明显影响用户的体验，但直接决定了软件的可维护性成本的高低。重复的代码会造成维护成本的增加，不规范的代码、不良注释和复杂度过高的代码会增加维护人员阅读和理解代码的难度。代码细节影响着代码质量，例如，常见的问题有使用常量调用 equals()，过大的内存分配，循环创建对象引用，流资源、数据库连接、同步锁资源未释放等。流资源未释放指程序创建或分配流资源后，不进行合理释放。尤其是在多次创建后未释放，会占用系统开销，影响程序性能。本节分析流资源未释放产生的原因、危害以及修复方法。

3.8.2 流资源未释放的危害

攻击者可能会通过耗尽资源池的方式发起拒绝服务攻击。CVE 中也有一些与之相关的漏洞信息,如表 3-9 所示。

表 3-9 与流资源未释放相关的漏洞信息

漏洞编号	漏洞概述
CVE-2020-24360	Arista EOS 中的 ARP 数据包出现问题,影响 7800R3、7500R3 和 7280R3 系列产品,该漏洞可能导致内核崩溃,重新加载设备,受影响的 Arista EOS 版本是 4.24.2.4F 及以下 4.24.x 版本、4.23.4M 及以下 4.23.x 版本、4.22.6M 及以下 4.22.x 版本
CVE-2019-1705	Cisco 自适应安全设备软件的远程访问 VPN 会话管理器中存在一个漏洞,该漏洞可能允许未经身份验证的远程攻击者通过请求过多的远程访问 VPN 会话来进行 DoS 攻击
CVE-2018-11055	在 RSA BSAFE Micro Edition Suite 4.0.x 至 4.0.11 版本和 4.1.x 至 4.1.6.1 版本中包含错误释放资源漏洞。在内部释放内存之前,其未将堆内存中的解码 PKCS#12 数据归零,恶意本地用户可以通过执行堆检查来访问未授权数据
CVE-2018-8836	对于固件版本为 10 及之前的 Wago 750 系列 PLC,远程攻击者可能会利用 TCP 连接期间 3 路握手的不正确实施,影响与调试和服务工具的通信。特制的数据包也可以发送到 Codesys 管理软件的端口 2455/TCP/IP,造成与调试和服务工具通信的拒绝服务

3.8.3 实例代码

本节使用实例的完整源代码可参考本书配套资源文件夹,源文件名:CWE404_Improper_Resource_Shutdown__FileReader_01.java。

1) 缺陷代码

```
22.BufferedReader readerBuffered = null;
23.FileReader readerFile = null;
24.
25.try
26.{
27. File file = new File("C:\\file.txt");
28. readerFile = new FileReader(file);
29. readerBuffered = new BufferedReader(readerFile);
30. String readString = readerBuffered.readLine();
31.
```

```
32. IO.writeLine(readString);
33.
34. /* FLAW: Attempts to close the streams should be in a
    finally block. */
35. try
36. {
37.     if (readerBuffered != null)
38.     {
39.         readerBuffered.close();
40.     }
41. }
42. catch (IOException exceptIO)
43. {
44.     IO.logger.log(Level.WARNING, "Error closing
        BufferedReader", exceptIO);
45. }
46.
47. try
48. {
49.     if (readerFile != null)
50.     {
51.         readerFile.close();
52.     }
53. }
54. catch (IOException exceptIO)
55. {
56.     IO.logger.log(Level.WARNING, "Error closing FileReader",
        exceptIO);
57. }
58. }
59. catch (IOException exceptIO)
60. {
61.     IO.logger.log(Level.WARNING, "Error with stream reading",
        exceptIO);
62. }
```

上述代码实现了一个读取文件的操作。从本地读取文件，并将读取到的文本行进行输出。在第 39 行和第 51 行中，使用 readerBuffered 和 readerFile 进行关闭操作。虽然代码明显对使用的资源进行了关闭操作，但是在第 35 行前当代码抛出异常时，代码将直接执行第 59 行处理异常，这就导致跳过了关闭操作，未成功释放资源。

2）修复代码

```
22.BufferedReader readerBuffered = null;
23.FileReader readerFile = null;
24.
25.try
26.{
27. File file = new File("C:\\file.txt");
28. readerFile = new FileReader(file);
29. readerBuffered = new BufferedReader(readerFile);
30. String readString = readerBuffered.readLine();
31.
32. IO.writeLine(readString);
33.}
34.catch (IOException exceptIO)
35.{
36. IO.logger.log(Level.WARNING, "Error with stream reading",
   exceptIO);
37.}
38.finally
39.{
40. try
41.  {
42.      if (readerBuffered != null)
43.      {
44.          readerBuffered.close();
45.      }
46.  }
47. catch (IOException exceptIO)
48.  {
```

```
49.         IO.logger.log(Level.WARNING, "Error closing
            BufferedReader", exceptIO);
50.     }
51. 
52. try
53. {
54.     if (readerFile != null)
55.     {
56.         readerFile.close();
57.     }
58. }
59. catch (IOException exceptIO)
60. {
61.     IO.logger.log(Level.WARNING, "Error closing FileReader",
        exceptIO);
62. }
63.}
```

上述修复代码，在 finally 块中对 readerBuffered 和 readerFile 进行关闭操作。即使在第 34 行前的代码抛出异常，在 finally 块中的语句也会正常执行，这样就保证了创建的资源可以正常释放。

3.8.4　如何避免流资源未释放

（1）在 finally 块中对流资源进行合理释放。

（2）使用源代码静态分析工具进行自动化的检测，可以有效发现程序中可能存在的流资源未释放问题。

3.9　错误的资源关闭

3.9.1　错误的资源关闭的概念

程序员手动创建或申请的资源都需要进行相应的关闭操作，选择的关闭方法应当和创建或申请的方法相对应。例如，C 语言中常见的打开文件函数为

fopen()，其函数原型为：

```
FILE *fopen(char *pname,char *mode);
```

当使用 fopen()函数打开文件时，应选择与其对应的关闭函数 fclose()进行关闭操作，避免使用错误的资源关闭函数。此外还有 freopen()、_open()、CreateFile()等函数，在使用时也需要注意此类问题。本节分析错误的资源关闭产生的原因、危害以及修复方法。

3.9.2 错误的资源关闭的危害

使用错误的资源关闭方法，将会导致非预期的程序行为，甚至可能导致程序崩溃。

3.9.3 实例代码

本节使用实例的完整源代码可参考本书配套资源文件夹，源文件名：CWE404_Improper_Resource_Shutdown__fopen_w32_close_01.c。

1）缺陷代码

```
21. void CWE404_Improper_Resource_Shutdown__fopen_w32_close_
    01_bad()
22. {
23.    FILE * data;
24.    /* Initialize data */
25.    data = NULL;
26.    /* POTENTIAL FLAW: Open a file - need to make sure it is
       closed properly in the sink */
27.    data = fopen("BadSource_fopen.txt", "w+");
28.    if (data != NULL)
29.    {
30.        /* FLAW: Attempt to close the file using close()
           instead of fclose() */
31.        _close((int)data);
32.    }
33. }
```

上述代码的第 27 行使用 fopen()函数打开文件，在第 31 行使用_close()函数进行关闭。由于没有使用 fopen()函数对应的关闭函数 fclose()，因此存在错误的资源关闭问题。

2）修复代码

```
40.static void goodB2G()
41.{
42.    FILE * data;
43.    /* Initialize data */
44.    data = NULL;
45.    /* POTENTIAL FLAW: Open a file - need to make sure it is
       closed properly in the sink */
46.    data = fopen("BadSource_fopen.txt", "w+");
47.    if (data != NULL)
48.    {
49.        /* FIX: Close the file using fclose() */
50.        fclose(data);
51.    }
52.}
```

上述修复代码的第 46 行使用 fopen()函数打开文件，在第 50 行使用 fclose()函数进行关闭，从而避免了错误的资源关闭问题。

3.9.4 如何避免错误的资源关闭

（1）在进行资源关闭时，要根据资源申请或创建时使用的函数来合理选择关闭函数，避免错误的资源关闭。

（2）使用源代码静态分析工具进行自动化的检测，可以有效发现错误的资源关闭。

3.10 重复加锁

3.10.1 重复加锁的概念

所有针对互斥量的加锁/解锁操作，都必须针对同一模块并且在同一抽象层进行，否则可能导致某些加锁/解锁操作不会依照多线程设计被执行。重复加锁指对已经加锁的资源进行再次加锁。本节分析重复加锁产生的原因、危害以及修复方法。

3.10.2 重复加锁的危害

某些情况下，重复加锁操作会导致第 2 次加锁操作要等待前一次加锁的解锁操作，由于加锁操作的重复，被等待的行为永远无法达到，因此造成死锁、程序拒绝服务等。CVE 中也有一些与之相关的漏洞信息，如表 3-10 所示。

表 3-10　与重复加锁相关的漏洞信息

漏洞编号	漏洞概述
CVE-2019-14763	Linux kernel 4.16.4 之前版本，在 drivers/usb/dwc3/gadget.c 中存在一个 double-locking error（重复加锁错误），导致死锁问题

3.10.3 实例代码

本节使用实例的完整源代码可参考本书配套资源文件夹，源文件名：double_lock.c。

1）缺陷代码

```
36. void* double_lock_001_tsk_001 (void *pram)
37. {
38. #if !defined(CHECKER_POLYSPACE)
39.   int ip = (int)pthread_self();
40.   pthread_mutex_lock(&double_lock_001_glb_mutex);
41.   double_lock_001_glb_data = (double_lock_001_glb_data % 100)
       + 1;
42.   pthread_mutex_lock(&double_lock_001_glb_mutex);     /*Tool
       should detect this line as error*/ /*ERROR:Double Lock*/
43.   double_lock_001_glb_data = (double_lock_001_glb_data % 100)
       + 1;
44.
45.     printf("Task1! It's me, thread #%d!\n",ip);
```

```
46.
47.#endif /* #if defined(CHECKER_POLYSPACE) */
48.    return NULL;
49.}
```

上述代码的第 40 行使用 pthread_mutex_lock()函数对 double_lock_001_glb_mutex 进行加锁，在没有进行解锁的情况下，第 42 行再次使用 pthread_mutex_lock()函数对 double_lock_001_glb_mutex 进行加锁，因此存在重复加锁问题。

2）修复代码

```
36.void* double_lock_001_tsk_001 (void *pram)
37.{
38.#if !defined(CHECKER_POLYSPACE)
39.   int ip = (int)pthread_self();
40.   pthread_mutex_lock(&double_lock_001_glb_mutex);
41.   double_lock_001_glb_data = (double_lock_001_glb_data % 100)
       + 1;
42.   pthread_mutex_unlock(&double_lock_001_glb_mutex);
43.
44.   pthread_mutex_lock(&double_lock_001_glb_mutex); /*Tool
       should not detect this line as error*/ /*No ERROR:Double
       Lock*/
45.   double_lock_001_glb_data = (double_lock_001_glb_data % 100)
       + 1;
46.    printf("Task1! It's me, thread #%u!\n",ip);
47.   pthread_mutex_unlock(&double_lock_001_glb_mutex);
48.#endif /* defined(CHECKER_POLYSPACE) */
49.    return NULL;
50.}
```

上述修复代码的第 40 行使用 pthread_mutex_lock()函数对 double_lock_001_glb_mutex 进行加锁，在第 42 行使用 pthread_mutex_unlock()函数对其进行解锁，随后在第 44 行再次进行加锁时，就避免了重复加锁问题。

3.10.4 如何避免重复加锁

（1）在进行加锁时，需要检查代码逻辑，避免对已经进行锁定的互斥量进行重复加锁。

（2）当互斥量类型为 PTHREAD_MUTEX_ERRORCHECK 时，会提供错误检查。如果某个线程尝试重新锁定的互斥锁已由该线程锁定，那么将返回错误信息。

3.11 错误的内存释放对象

3.11.1 错误的内存释放对象的概念

C/C++程序的内存分配方式有三种：（1）静态存储区域分配，静态存储区域主要存放全局变量、static 变量，这部分内存在程序编译时已经进行分配且在程序的整个运行期间不会被回收；（2）栈上分配，由编译器自动分配，用于存放函数的参数值、局部变量等，函数执行结束时这些存储单元自动被释放，需要注意的是 ALLOCA()函数是向栈申请内存的；（3）堆上分配，也就是动态分配内存，动态分配的内存是由程序员负责释放的。上述只有第（3）种情况是需要程序员手动进行释放的，若对第（1）种和第（2）种非动态分配的内存进行释放，则会导致错误的内存释放对象问题。本节分析错误的内存释放对象产生的原因、危害以及修复方法。

3.11.2 错误的内存释放对象的危害

释放非动态分配的内存会损坏程序的内存数据结构，从而导致程序崩溃或拒绝服务攻击。在某些情况下，攻击者可以利用错误的内存释放对象漏洞修改关键程序变量或执行恶意代码。CVE 中也有一些与之相关的漏洞信息，如表 3-11 所示。

表 3-11 与错误的内存释放对象相关的漏洞信息

漏洞编号	漏洞概述
CVE-2018-7554	sam2p 0.49.4 的 input-bmp.ci 文件中的 ReadImage()函数存在安全漏洞。攻击者可借助特制的输入，利用该漏洞造成拒绝服务（无效释放和段错误）

(续表)

漏洞编号	漏洞概述
CVE-2018-7552	sam2p 0.49.4 的 mapping.cpp 文件中的 Mapping::DoubleHash::clear()函数存在安全漏洞。攻击者可借助特制的输入，利用该漏洞造成拒绝服务（无效释放和段错误）
CVE-2018-7551	sam2p 0.49.4 的 minips.cpp 文件中的 MiniPS::delete0()函数存在安全漏洞。攻击者可借助特制的输入，利用该漏洞造成拒绝服务（无效释放和段错误）
CVE-2018-15857	xkbcommon 0.8.1 之前版本的 xkbcomp/ast-build.c 文件中的 ExprAppendMultiKeysymList()函数存在无效释放漏洞。本地攻击者可通过提交特制的 keymap 文件，利用该漏洞造成 xkbcommon 解析器崩溃
CVE-2019-20202	在 ezXML 0.8.3 至 0.8.6 版本中存在无效释放漏洞
CVE-2020-28941	Linux kernel 5.9.9 的 drivers/accessibility/speakup/spk_ttyio.c 文件存在无效释放漏洞。使用 speakup 驱动程序的系统本地攻击者可利用该漏洞引发拒绝服务攻击

3.11.3 实例代码

本节使用实例的完整源代码可参考本书配套资源文件夹，源文件名：CWE590_Free_Memory_Not_on_Heap__delete_array_char_alloca_01.cpp。

1）缺陷代码

```
26.void bad()
27.{
28.    char * data;
29.    data = NULL; /* Initialize data */
30.    {
31.        /* FLAW: data is allocated on the stack and deallocated
           in the BadSink */
32.        char * dataBuffer = (char *)ALLOCA(100*sizeof(char));
33.        memset(dataBuffer, 'A', 100-1); /* fill with 'A's */
34.        dataBuffer[100-1] = '\0'; /* null terminate */
35.        data = dataBuffer;
36.    }
37.    printLine(data);
38.    /* POTENTIAL FLAW: Possibly deallocating memory allocated
       on the stack */
```

```
39.    delete [] data;
40. }
```

上述代码的第 32 行使用 ALLOCA() 函数申请内存，在第 39 行使用 delete 进行释放。由于 ALLOCA() 函数申请的内存在栈上，无须手动释放，因此存在错误的内存释放对象问题。

2）修复代码

```
47. static void goodG2B()
48. {
49.    char * data;
50.    data = NULL; /* Initialize data */
51.    {
52.        /* FIX: data is allocated on the heap and deallocated
              in the BadSink */
53.        char * dataBuffer = new char[100];
54.        memset(dataBuffer, 'A', 100-1); /* fill with 'A's */
55.        dataBuffer[100-1] = '\0'; /* null terminate */
56.        data = dataBuffer;
57.    }
58.    printLine(data);
59.    /* POTENTIAL FLAW: Possibly deallocating memory allocated
          on the stack */
60.    delete [] data;
61. }
```

上述修复代码的第 53 行通过 new[] 动态分配内存，并在第 60 行使用 delete[] 进行释放。从而避免了错误的内存释放对象问题。

3.11.4 如何避免错误的内存释放对象

（1）不要对非动态分配的内存进行手动释放。

（2）当程序结构复杂时（如条件分支较多），进行释放时需要确认释放的内存是否只来自动态分配。

（3）明确一些函数的实现，避免由于不清楚函数实现导致错误的内存释放。

（4）realloc()函数的原型为 void *realloc(void *ptr, size_t size)，其中第 1 个参数 ptr 为指针，指向一个要重新分配内存的内存块，该内存块是通过调用 malloc()、calloc()或 realloc()分配内存的。如果向 realloc()提供一个指向非动态内存分配函数分配的指针，那么也会导致出现程序未定义行为，在使用时需要额外注意。

3.12 错误的内存释放方法

3.12.1 错误的内存释放方法的概念

C 语言中常见的内存申请函数包括 malloc()、realloc()、calloc()，它们虽然功能不同，但都对应同一个内存释放函数 free()。C++中对内存的申请和释放采用 new/delete、new[]/delete[]方式。无论是 C 语言还是 C++语言，当编写源代码时要根据内存申请的方法来对应地选择内存释放方法，避免使用错误的内存释放方法。例如，混合使用 C/C++的内存申请/释放方法，或混合使用标量和矢量的内存申请/释放方法。本节分析错误的内存释放方法产生的原因、危害以及修复方法。

3.12.2 错误的内存释放方法的危害

使用错误的内存释放方法可能导致非预期的程序行为，甚至导致程序崩溃。如果错误地释放对象中的元素，可能造成整个对象甚至整个堆上的内存结构都发生损坏，从而发生内存泄漏，甚至导致程序崩溃。CVE 中也有一些与之相关的漏洞信息，如表 3-12 所示。

表 3-12 与错误的内存释放方法相关的漏洞信息

漏洞编号	漏洞概述
CVE-2018-14948	dilawar sound 2017-11-27 的 wav-file.cc 文件存在错误的内存释放方法漏洞（new[]/delete）

(续表)

漏洞编号	漏洞概述
CVE-2018-14947	PDF2JSON 0.69 的 XmlFonts.cc 文件中的 XmlFontAccu::CSStyle 函数存在错误的内存释放方法漏洞（new[]/delete）
CVE-2018-14946	PDF2JSON 0.69 的 ImgOutputDev.cc 文件中的 HtmlString 类存在错误的内存释放方法漏洞（malloc/delete）

3.12.3 实例代码

本节使用实例的完整源代码可参考本书配套资源文件夹，源文件名：CWE762_Mismatched_Memory_Management_Routines__new_array_delete_char_01.cpp。

1）缺陷代码

```
25.void bad()
26.{
27.    char * data;
28.    /* Initialize data*/
29.    data = NULL;
30.    /* POTENTIAL FLAW: Allocate memory with a function that
       requires delete [] to free the memory */
31.    data = new char[100];
32.    /* POTENTIAL FLAW: Deallocate memory using delete - the
       source memory allocation function may
33.     * require a call to delete [] to deallocate the memory */
34.    delete data;
35.}
```

上述代码的第 31 行使用 new[] 创建对象数组，在第 34 行使用 delete 进行释放。由于在释放对象数组时，没有使用 new[] 对应的 delete[]，因此存在错误的内存释放方法问题。

2）修复代码

```
55.static void goodB2G()
56.{
57.    char * data;
```

```
58.    /* Initialize data*/
59.    data = NULL;
60.    /* POTENTIAL FLAW: Allocate memory with a function that
           requires delete [] to free the memory */
61.    data = new char[100];
62.    /* FIX: Deallocate the memory using delete [] */
63.    delete [] data;
64. }
```

上述修复代码的第 61 行通过 new[]创建对象数组，并在第 63 行使用 delete[] 进行释放。从而避免了错误的内存释放方法问题。

3.12.4 如何避免错误的内存释放方法

（1）在进行内存释放时，要明确内存申请使用的方法，避免因程序结构复杂、人员疏忽而导致使用错误的内存释放方法。

（2）使用源代码静态分析工具进行自动化的检测，可以有效发现错误的内存释放方法。

3.13 返回栈地址

3.13.1 返回栈地址的概念

C/C++程序占用的内存分为以下几部分：程序代码区、静态数据区、堆区、栈区，其中局部变量、函数参数等存放在栈区，栈区存储的变量由编译器自动分配和释放，当函数返回了指向该变量的指针时，实际是返回了一个栈的地址，该地址在函数调用完成后失效，因此在编写代码时，应避免出现返回栈地址问题。本节分析返回栈地址产生的原因、危害以及修复方法。

3.13.2 返回栈地址的危害

返回栈地址通常会导致程序运行出错，原因是函数指向的地址中的内容随着函数生命周期的结束而释放，此时指针指向的内容是不可预料的。对返回栈地址进行访问可能出现未定义的行为，甚至可能造成程序崩溃。

3.13.3 实例代码

本节使用实例的完整源代码可参考本书配套资源文件夹，源文件名：CWE562_Return_of_Stack_Variable_Address__return_buf_01.c。

1）缺陷代码

```
10.#ifndef OMITBAD
11.
12.static char *helperBad()
13.{
14.    char charString[] = "helperBad string";
15.
16.    /* FLAW: returning stack-allocated buffer */
17.    return charString; /* this may generate a warning -- it's
       on purpose */
18.}
19.
20.void CWE562_Return_of_Stack_Variable_Address__return_buf_
   01_bad()
21.{
22.    printLine(helperBad());
23.}
24.
25.#endif /* OMITBAD */
```

上述代码的第 14 行声明和初始化了一个字符数组，并在第 17 行使用 return charString 进行返回，此时返回的是栈地址，因此存在返回栈地址问题。

2）修复代码

```
30.static char *helperGood1()
31.{
32.    static char charString[] = "helperGood1 string";
33.
34.    /* FIX: don't return a stack-allocated buffer
```

```
35.    * you can use static (i.e., global) variables but this
       renders your
36.    * code, and all code that uses it, non-re-entrant and
       non-threadsafe,
37.    * and hence is not a complete solution. We do it anyway
38.    */
39.    return charString;
40. }
```

上述修复代码的第 32 行将字符数组定义为 static。当 static 用来修饰局部变量时，它就改变了局部变量的存储位置，从原来的栈中存放改为静态存储区存放，因此在第 39 行 return charString 时，就避免了返回栈地址。同时，这并不是一个完全的顺应性例子，还需要根据实际场景，有针对性地进行修复。

3.13.4　如何避免返回栈地址

（1）注意指针指向的内存，避免返回栈地址。

（2）使用源代码静态分析工具进行自动化的检测，可以有效发现程序中可能存在的返回栈地址问题。

3.14　被污染的内存分配

3.14.1　被污染的内存分配的概念

C 语言的内存分配函数包括 malloc()、kmalloc()、smalloc()、xmalloc()、realloc()、calloc()、GlobalAlloc()、HeapAlloc()等。以 malloc()函数使用为例，其原型为：

```
extern void *malloc(unsigned int num_bytes);
```

malloc()函数分配了 num_bytes 字节的内存，并返回了指向这块内存的指针。当内存分配长度的整数来自可能被污染的不可信源时，如果没有对外部输入数据进行有效判断，就会引起超大的内存分配。其中可能被污染的不可信源包括命令行参数、配置文件、网络通信、数据库、环境变量、注册表值,以及其他来自应用程序以外的输入等。本节分析被污染的内存分配产生的原因、危害以及修复方法。

3.14.2 被污染的内存分配的危害

直接将被污染的数据作为内存分配函数长度参数,如传入了一个极大的整数值,程序就会相应地分配一块极大的内存,从而导致系统内存开销极大,甚至导致拒绝服务攻击。CVE 中也有一些与之相关的漏洞信息,如表 3-13 所示。

表 3-13 与被污染的内存分配相关的漏洞信息

漏洞编号	漏洞概述
CVE-2018-6869	ZZIPlib 0.13.68 的 zzip/zip.c 文件中的__zzip_parse_root_directory()函数存在安全漏洞。远程攻击者可借助特制的 zip 文件,利用该漏洞造成拒绝服务(不受控的内存分配和崩溃)
CVE-2018-5783	PoDoFo 0.9.5 的 base/PdfVecObjects.h 文件中的 PoDoFo::PdfVecObjects::Reserve()函数存在安全漏洞。远程攻击者可借助特制的 pdf 文件,利用该漏洞造成拒绝服务(不受控的内存分配)
CVE-2018-5296	PoDoFo 0.9.5 的 base/PdfParser.cpp 文件中的 PdfParser::ReadXRefSubsection()函数存在安全漏洞。该漏洞源于程序没有控制内存分配。远程攻击者可借助特制的 pdf 文件,利用该漏洞造成拒绝服务
CVE-2020-15806	CODESYS Control runtime system 3.5.16.10 之前版本存在安全漏洞。该漏洞源于程序没有控制内存分配。攻击者可利用该漏洞造成拒绝服务
CVE-2020-7052	CODESYS Control V3、Gateway V3 和 HMI V3 3.5.15.30 之前版本允许不受控的内存分配,从而导致远程拒绝服务攻击的发生

3.14.3 实例代码

本节使用实例的完整源代码可参考本书配套资源文件夹,源文件名:CWE789_Uncontrolled_Mem_Alloc__malloc_char_fgets_01.c。

1)缺陷代码

```
30.void CWE789_Uncontrolled_Mem_Alloc__malloc_char_fgets_01_bad()
31.{
```

```
32.     size_t data;
33.     /* Initialize data */
34.     data = 0;
35.     {
36.         char inputBuffer[CHAR_ARRAY_SIZE] = "";
37.         /* POTENTIAL FLAW: Read data from the console using
            fgets() */
38.         if (fgets(inputBuffer, CHAR_ARRAY_SIZE, stdin) != NULL)
39.         {
40.             /* Convert to unsigned int */
41.             data = strtoul(inputBuffer, NULL, 0);
42.         }
43.         else
44.         {
45.             printLine("fgets() failed.");
46.         }
47.     }
48.     {
49.         char * myString;
50.         /* POTENTIAL FLAW: No MAXIMUM limitation for memory
            allocation, but ensure data is large enough
51.          * for the strcpy() function to not cause a buffer
            overflow */
52.         /* INCIDENTAL FLAW: The source could cause a type
            overrun in data or in the memory allocation */
53.         if (data > strlen(HELLO_STRING))
54.         {
55.             myString = (char *)malloc(data*sizeof(char));
56.             if (myString == NULL) {exit(-1);}
57.             /* Copy a small string into myString */
58.             strcpy(myString, HELLO_STRING);
59.             printLine(myString);
60.             free(myString);
61.         }
62.         else
63.         {
```

```
64.            printLine("Input is less than the length of the
                   source string");
65.        }
66.    }
67. }
```

上述代码的第 55 行使用 malloc()函数进行长度为 data*sizeof(char)字节的内存分配。通过跟踪路径可以看出，data 在第 41 行通过 strtoul(inputBuffer,NULL,0) 进行赋值，其中 inputBuffer 是通过第 38 行 fgets()函数从外部读取的，为被污染的数据源，从而导致内存分配长度 data 被污染，且在使用 data 时没有对其长度进行有效的校验，存在被污染的内存分配问题。

2）修复代码

```
103. static void goodB2G()
104. {
105.    size_t data;
106.    /* Initialize data */
107.    data = 0;
108.    {
109.        char inputBuffer[CHAR_ARRAY_SIZE] = "";
110.        /* POTENTIAL FLAW: Read data from the console using
                fgets() */
111.        if (fgets(inputBuffer, CHAR_ARRAY_SIZE, stdin) !=
                NULL)
112.        {
113.            /* Convert to unsigned int */
114.            data = strtoul(inputBuffer, NULL, 0);
115.        }
116.        else
117.        {
118.            printLine("fgets() failed.");
119.        }
120.    }
121.    {
122.        char * myString;
```

```
123.        /* FIX: Include a MAXIMUM limitation for memory
            allocation and a check to ensure data is large enough
124.        * for the strcpy() function to not cause a buffer
            overflow */
125.        /* INCIDENTAL FLAW: The source could cause a type
            overrun in data or in the memory allocation */
126.        if (data > strlen(HELLO_STRING) && data < 100)
127.        {
128.            myString = (char *)malloc(data*sizeof(char));
129.            if (myString == NULL) {exit(-1);}
130.            /* Copy a small string into myString */
131.            strcpy(myString, HELLO_STRING);
132.            printLine(myString);
133.            free(myString);
134.        }
135.        else
136.        {
137.            printLine("Input is less than the length of the
                source string or too large");
138.        }
139.    }
140.}
```

在上述修复代码中，虽然 data 的来源为被污染的数据，但在第 126 行对 data 的长度进行了有效限制，从而避免了被污染的内存分配问题。

3.14.4 如何避免被污染的内存分配

（1）避免使用被污染的数据作为内存分配函数的长度参数，若无法避免，则应对被污染的数据进行有效限制。

（2）使用源代码静态分析工具进行自动化的检测，可以有效发现程序中可能存在的被污染内存分配问题。

3.15 数据库访问控制

3.15.1 数据库访问控制的概念

数据库访问控制指程序未进行恰当的访问控制,执行了一个包含用户控制主键的 SQL 语句。由于服务器端对用户提出的数据操作请求过分信任,因此忽略了对该用户操作权限的判定,导致其修改相关参数就可以拥有其他账户的增、删、查、改功能的权限。如果在一个应用中,用户能够访问其本身无权访问的功能或者资源,就说明该应用存在数据库访问控制缺陷,也就存在越权漏洞。本节分析数据库访问控制产生的原因、危害以及修复方法。

3.15.2 数据库访问控制的危害

数据库访问控制是利用用户引入的参数生成由用户控制主键的 SQL 语句,令攻击者可以访问到同级别用户的资源或者访问到更高级别用户的资源。该漏洞会导致任意用户敏感信息泄露、用户信息被恶意修改或删除。例如,某一页面的服务器端响应时会返回登录名、登录密码、手机号、身份证等敏感信息,如果存在数据库访问控制,那么攻击者通过对用户 ID 的遍历就可以查看所有用户的敏感信息,这也是一种变相的脱库。同时,由于该操作和正常的访问请求没有什么区别,也不会包含特殊字符,因此很难被防火墙发现,具有十足的隐蔽性。

3.15.3 实例代码

本节使用实例的完整源代码可参考本书配套资源文件夹,源文件名:CWE566_Authorization_Bypass_Through_SQL_Primary__Servlet_01.java。

1)缺陷代码

```
31.        String data;
32.
33.        /* FLAW: Get the user ID from a URL parameter */
```

```
34.         data = request.getParameter("id");
35.
36.         Connection dBConnection = IO.getDBConnection();
37.         PreparedStatement preparedStatement = null;
38.         ResultSet resultSet = null;
39.         int id = 0;
40.         try
41.         {
42.             id = Integer.parseInt(data);
43.         }
44.         catch ( NumberFormatException nfx )
45.         {
46.             id = -1; /* Assuming this id does not exist */
47.         }
48.
49.         try
50.         {
51.             preparedStatement = dBConnection.prepareStatement
                    ("select * from invoices where uid=?");
52.             preparedStatement.setInt(1, id);
53.
54.             resultSet = preparedStatement.executeQuery();
55.
56.             /* POTENTIAL FLAW: no check to see whether the user
                    has privileges to view the data */
```

上述代码的目的是获取用户输入的参数 id，并将传入参数转换成 int 类型，然后创建数据库查询。查询 uid 为传入参数 id 的清单数据。显然，程序未对传入参数做校验及过滤，用户可随意获得任何其他用户的清单数据。

2）修复代码

```
31.         String data;
32.
33.         /* FLAW: Get the user ID from a URL parameter */
34.         data = (String) request.getSession().getAttribute ("id");
35.
36.         Connection dBConnection = IO.getDBConnection();
```

```
37.         PreparedStatement preparedStatement = null;
38.         ResultSet resultSet = null;
39.         int id = 0;
40.         try
41.         {
42.             id = Integer.parseInt(data);
43.         }
44.         catch ( NumberFormatException nfx )
45.         {
46.             id = -1; /* Assuming this id does not exist */
47.         }
48.
49.         try
50.         {
51.             preparedStatement = dBConnection.prepareStatement
                    ("select * from invoices where uid=?");
52.             preparedStatement.setInt(1, id);
53.
54.             resultSet = preparedStatement.executeQuery();
55.
56.             /* POTENTIAL FLAW: no check to see whether the user
                    has privileges to view the data */
```

上述修复代码的第 34 行从 Session 中直接获取 id 的值，构造查询语句，并获得当前用户的清单数据，避免用户操控 SQL 语句的主键值。

3.15.4 如何避免数据库访问控制

（1）完善用户权限体系。明确数据与用户之间的对应关系，避免用户越权访问受限制的数据。

（2）服务器端对请求的数据和当前用户身份做校验，例如，使用权限参数判断用户是否拥有执行操作的权限。

（3）对用户可控参数进行严格的检查与过滤。

3.16 硬编码密码

3.16.1 硬编码密码的概念

硬编码密码指在程序中采用硬编码方式处理密码。这种处理方式一方面不易于程序维护，在代码投入使用后，除非对软件进行修补，否则无法修改密码；另一方面会削弱系统安全性，硬编码密码意味着拥有代码权限的人都可以查看到密码，可以使用密码访问一些不具有权限的系统，更严重的是，若攻击者能够访问应用程序的字节码，则利用一些反编译工具就能阅读到代码，从而可以轻易获得密码。本节分析硬编码密码产生的原因、危害以及修复方法。

3.16.2 硬编码密码的危害

硬编码密码漏洞一旦被利用，造成的安全问题一般无法轻易修正。例如，若在代码中泄露未指定账户的硬编码密码，则当远程攻击者获取到敏感信息时，其就可以通过访问数据库获得管理控制权限。本地用户可以通过读取配置文件中的硬编码用户名和密码来执行任意代码。CVE 中也有一些与之相关的漏洞信息，如表 3-14 所示。

表 3-14 与硬编码密码相关的漏洞信息

漏洞编号	漏洞概述
CVE-2020-10206	在 Amino Communications 的 VNCserverAK45x 系列、AK5xx 系列、AK65x 系列、Aria6xx 系列、Aria7/AK7xx 系列和 Kami7B 系列中使用硬编码密码，允许本地攻击者查看设备的视频并交互
CVE-2019-6499	Teradata Viewpoint 14.0 和 16.20.00.02-b80 版本在视点数据库账户（perspective-portal\conf\server.xml）中使用硬编码密码，恶意用户可能利用该密码来破坏系统
CVE-2018-18006	用于 Windows 的 Ricoh myPrint 应用程序 2.9.2.4 和用于 Android 的 2.2.7 的硬编码凭证可以访问任何外部公开的 myPrint WSDL API，如发现相关 Google 云打印机的 API 机密、邮件服务器的加密密码和打印的文件
CVE-2018-6387	iBall iB-WRA150N 1.2.6 build 110401 Rel.47776n 设备具有管理员账户的硬编码密码及普通账户的硬编码密码
CVE-2018-5726	MASTER IPCAMERA01 3.3.4.2103 设备允许远程攻击者通过精心设计的 HTTP 请求获取敏感信息，如用户名、密码和配置

3.16.3 实例代码

本节使用实例的完整源代码可参考本书配套资源文件夹,源文件名:CWE259_Hard_Coded_Password__driverManager_01java。

1)缺陷代码

```
30.String data;
31.
32./* FLAW: Set data to a hardcoded string */
33.data = "7e5tc4s3";
34.
35.Connection connection = null;
36.PreparedStatement preparedStatement = null;
37.ResultSet resultSet = null;
38.
39.if (data != null)
40.{
41. try
42. {
43.    /* POTENTIAL FLAW: data used as password in database
          connection */
44.    connection = DriverManager.getConnection("data-url",
       "root", data);
45.    preparedStatement = connection.prepareStatement("select
       * from test_table");
46.    resultSet = preparedStatement.executeQuery();
47. }
48. catch (SQLException exceptSql)
49. {
50.    IO.logger.log(Level.WARNING, "Error with database
       connection", exceptSql);
51. }
```

上述代码是一个连接数据库执行 SQL 语句的操作。在第 33 行给数据库连接的密码赋值,在第 44 行使用该密码进行数据库连接,在第 45~46 行执行了

SQL 语句。这仅仅是一个简单的数据库操作实例,在第 33 行对数据库连接的密码进行硬编码,这种处理方式不易于系统维护且会削弱系统安全性。

2)修复代码

```
1.username=vKgDYTGtOyc17xcfzgiyiA%3D%3D
2.password=dIUp1Vy%2B36mljASGIFfcEzXvFx%2FOCLKI
```

在上述修复代码中,首先将数据库连接的用户名、密码加密放入 db.properties 文件中。

```
95.public String getProperties(String key) throws IOException
96.{
97.
98.    InputStream inputStream = CWE259_Hard_Coded_Password__
       driverManager_01.class
99.    .getClassLoader().getResourceAsStream("db.properties");
100.   Properties properties = new Properties();
101.   properties.load(inputStream);
102.   String value = properties.getProperty(key);
103.   Endecrypt decrypt = new Endecrypt();
104.   String pro = decrypt.get3DESDecrypt(value);
105.   return pro;
106.}
```

在第 95 行封装一个获取配置文件中用户名、密码并解密的方法。在第 98 行和第 99 行用流读入 properties 配置文件,在第 101 行从输入字节流读取属性列表(键和元素对),在第 102 行用此属性列表中指定的键搜索属性,获取属性值的加密值,在第 104 行调用封装的解密方法,将配置文件中已加密的属性值解密。

```
31.String data;
32.
33./* FLAW: Set data to a hardcoded string */
34.
35.
36.Connection connection = null;
37.PreparedStatement preparedStatement = null;
38.ResultSet resultSet = null;
39.
40.if (data != null)
```

```
41. {
42.  try
43.  {
44.     /* POTENTIAL FLAW: data used as password in database
           connection */
45.     connection = DriverManager.getConnection("data-url",
46.        getProperties("username"), getProperties("password"));
47.     preparedStatement = connection.prepareStatement("select
           * from test_table");
48.     resultSet = preparedStatement.executeQuery();
49.  }
50.  catch (SQLException exceptSql)
51.  {
52.     IO.logger.log(Level.WARNING, "Error with database
           connection", exceptSql);
53.  }
```

此时，在第 45 行和第 46 行调用封装的 getProperties() 方法，从配置文件中读取加密的用户名、密码。这样可以提高系统的安全性，也便于系统维护。当在生产环境中需要修改密码时，并不需要对程序进行修补，直接修改配置文件即可。

3.16.4 如何避免硬编码密码

通常情况下，应对密码进行模糊化处理，并在外部资源文件中完成。在系统中采用明文的形式存储密码可能造成有充分权限的用户读取密码或在无意中误用密码。密码要先经过 Hash 处理再存储。

3.17 不安全的随机数

3.17.1 不安全的随机数的概念

随机数应用广泛，特别是在密码学中。随机数产生的方式多种多样，例如，可在 Java 程序中使用 java.util.Random 类获得一个随机数，此种随机数来源于伪随机数生成器，其输出的随机数值可以轻松预测。而在对安全性要求较高的环境（如 UUID 生成、Token 生成、密钥生成、密文加盐处理）中使用能产生可预测数值的函数作为随机数据源，则会降低系统安全性。本节分析不安全的随机数产生的原因、危害以及修复方法。

3.17.2 不安全的随机数的危害

在加密函数中使用不安全的随机数进行加密操作导致加密密钥可预测。攻击者如果能够登录系统，就可能计算出前一个和后一个加密密钥，导致加密信息被破解。CVE 中也有一些与之相关的漏洞信息，如表 3-15 所示。

表 3-15 与不安全的随机数相关的漏洞信息

漏洞编号	漏洞概述
CVE-2019-16303	在 JHipster Kotlin 1.1.0 及之前版本和 JHipster 6.3.0 之前版本中，Generator 生成的类使用不安全的随机数源。这使攻击者在获得自己的密码重置 URL 的条件下，还可以计算其他账户密码重置的值，从而导致特权提升或账户接管
CVE-2019-1997	在 random.c 的 random_get_bytes 中，由于存在不安全的默认值，因此可能导致随机性降低，从而通过不安全的无线连接泄露本地信息，无须额外的执行权限
CVE-2018-18531	kaptcha 2.3.2 中的 text/impl/DefaultTextCreator.java、text/impl/ChineseTextProducer.java 和 text/impl/FiveLetterFirstNameTextCreator.java 使用 Random（而不是 SecureRandom）函数生成 CAPTCHA 值，这使远程攻击者更容易通过暴力破解绕过预期的访问限制
CVE-2017-16031	Socket.io 是一个实时应用程序框架，通过 websockets 提供通信。因为 Socket.io 0.9.6 及之前版本依赖于 Math.random()创建套接字 ID，所以 ID 是可预测的。攻击者能够猜测套接字 ID 并获得对 Socket.io 服务器的访问权限，从而可能获取敏感信息

3.17.3 实例代码

本节使用实例的完整源代码可参考本书配套资源文件夹，源文件名：PasswordResetLink.java。

1）缺陷代码

```
13.public String createPasswordReset(String username, String key) {
14.    Random random = new Random();
15.    if (username.equalsIgnoreCase("admin")) {
```

```
16.      //Admin has a fix reset link
17.      random.setSeed(key.length());
18. }
19. return scramble(random, scramble(random, scramble(random,
    MD5.getHashString(username))));
20.}
21.
22.public static String scramble(Random random, String
    inputString) {
23. char a[] = inputString.toCharArray();
24. for (int i = 0; i < a.length; i++) {
25.      int j = random.nextInt(a.length);
26.      char temp = a[i];
27.      a[i] = a[j];
28.      a[j] = temp;
29. }
30. return new String(a);
31.}
```

上述代码的目的是生成一个随机密码。在第 14 行实例化一个伪随机数对象 random，在第 15 行对用户名进行判断，当用户名为 admin 时，为随机数设置种子，否则调用 scramble()函数。调用 scramble()函数，将经过 MD5 处理后的 username 随机打乱后的返回值再次传入 scramble()函数打乱。实际上对 username 进行了两次 MD5 转换和打乱。在第 14 行使用了能够预测的随机数，为了使加密数值更为安全，必须保证参与构造加密数值的随机数为真随机数。

2）修复代码

```
13.public String createPasswordReset(String username, String key) {
14. SecureRandom random = SecureRandom.getInstance("SHA1PRNG");
15. if (username.equalsIgnoreCase("admin")) {
16.      //Admin has a fix reset link
17.      random.setSeed(key.length());
18. }
19. return scramble(random, scramble(random, scramble(random,
    MD5.getHashString(username))));
20.}
```

```
21.
22.public static String scramble(SecureRandom random, String
   inputString) {
23.   char a[] = inputString.toCharArray();
24.   for (int i = 0; i < a.length; i++) {
25.       int j = random.nextInt(a.length);
26.       char temp = a[i];
27.       a[i] = a[j];
28.       a[j] = temp;
29.   }
30.   return new String(a);
31.}
```

上述修复代码的第 14 行使用 SecureRandom 类指定 SHA1PRNG 算法来实例化 random 对象，SecureRandom 类提供了加密的强随机数生成器，可以生成不可预测的随机数。

3.17.4 如何避免不安全的随机数

在安全性要求较高的应用中应使用更安全的随机数生成器，如 java.security.SecureRandom 类。

3.18 不安全的哈希算法

3.18.1 不安全的哈希算法的概念

哈希算法是使用哈希函数将任意长度的消息映射成为一个长度较短且长度固定的值，这个经过映射的值为哈希值。它是一种单向加密体制，即一个从明文到密文的不可逆映射，只有加密过程，没有解密过程。而不安全的哈希算法则可以逆向推出明文。在密码学中，哈希算法主要用于消息摘要和签名，对整个消息的完整性进行校验，所以需要哈希算法无法推导输入的原始值，这是哈希算法安全性的基础。目前，常用的哈希算法包括 MD4、MD5、SHA 等。本节分析不安全的哈希算法产生的原因、危害以及修复方法。

3.18.2　不安全的哈希算法的危害

使用不安全的哈希算法形成数字签名来校验数据源的身份会影响数据的完整性和机密性，导致校验方式失效。CVE 中也有一些与之相关的漏洞信息，如表 3-16 所示。

表 3-16　与不安全的哈希算法相关的漏洞信息

漏洞编号	漏洞概述
CVE-2020-4968	IBM Security Identity Governance and Intelligence 5.2.6 使用的弱加密算法，会使攻击者解密敏感信息
CVE-2019-1828	Cisco Small Business RV320 和 RV325 Dual Gigabit WAN VPN 路由器（固件版本 1.4.2.22 之前）Web 管理界面中的用户凭据使用了弱加密算法，导致未认证的远程攻击者访问管理员凭据。攻击者可通过发动中间人攻击和解密被拦截凭据的方式，利用该漏洞，以管理员权限获得受影响设备的访问权限
CVE-2018-6619	Easy Hosting Control Panel（EHCP）V0.37.12.b 通过利用无盐的弱哈希算法，使攻击者更容易破解数据库密码

3.18.3　实例代码

本节使用实例的完整源代码可参考本书配套资源文件夹，源文件名：BenchmarkTest00046.java。

1）缺陷代码

```
42.     response.setContentType("text/html;charset=UTF-8");
43.
44.
45.     String[] values = request.getParameterValues
        ("BenchmarkTest00046");
46.     String param;
47.     if (values != null && values.length > 0)
48.       param = values[0];
49.     else param = "";
50.
```

```
51.
52.        try {
53.            java.security.MessageDigest md = java.security.
                   MessageDigest.getInstance("MD5");
54.            byte[] input = { (byte)'?' };
55.            Object inputParam = param;
56.            if (inputParam instanceof String) input = ((String)
                   inputParam).getBytes();
57.            if (inputParam instanceof java.io.InputStream) {
58.                byte[] strInput = new byte[1000];
59.                int i = ((java.io.InputStream) inputParam).
                       read(strInput);
60.                if (i == -1) {
61.                    response.getWriter().println(
62.                    "This input source requires a POST, not a GET.
                       Incompatible UI for the InputStream
                       source."
63.                    );
64.                    return;
65.                }
66.                input = java.util.Arrays.copyOf(strInput, i);
67.            }
68.            md.update(input);
69.
70.            byte[] result = md.digest();
```

上述代码的目的是将请求参数转换为哈希值。在第 45 行获取请求参数 BenchmarkTest00046，在第 53 行获取一个 MD5 转换器，在第 54～67 行将获取的请求参数值转换为字节数组，在第 68 行将字节数组作为参数传入 MD5 转换器，在第 70 行获得转换后的字节数组。由于 MD5 是公认的已破解哈希算法，因此使用该哈希算法来处理数据会损害数据的机密性，导致信息泄露。

2）修复代码

```
42.        response.setContentType("text/html;charset=UTF-8");
43.
```

```
44.
45.     String[] values = request.getParameterValues
            ("BenchmarkTest00046");
46.     String param;
47.     if (values != null && values.length > 0)
48.       param = values[0];
49.     else param = "";
50.
51.
52.     try {
53.         java.security.MessageDigest md = java.security.
            MessageDigest.getInstance("SHA-512");
54.         byte[] input = { (byte)'?' };
55.         Object inputParam = param;
56.         if (inputParam instanceof String) input = ((String)
            inputParam).getBytes();
57.         if (inputParam instanceof java.io.InputStream) {
58.             byte[] strInput = new byte[1000];
59.             int i = ((java.io.InputStream) inputParam).
                read(strInput);
60.             if (i == -1) {
61.                 response.getWriter().println(
62.                     "This input source requires a POST, not a GET.
                    Incompatible UI for the InputStream source."
63.                 );
64.                 return;
65.             }
66.             input = java.util.Arrays.copyOf(strInput, i);
67.         }
68.         md.update(input);
```

上述修复代码的第 53 行使用 SHA-512 算法替代 MD5 算法，保证数据完整性和安全性。

3.18.4　如何避免不安全的哈希算法

在安全性要求较高的系统中，应采用散列值>=224 比特的 SHA 系列算法（如 SHA-224、SHA-256、SHA-384 和 SHA-512）来保证敏感数据的完整性。

3.19　弱加密

3.19.1　弱加密的概念

加密指以某种特殊的算法改变原有的信息数据，使未授权的用户即使获得了已加密的信息，但因不知解密的方法，仍然无法了解信息的内容。常见的加密算法主要可分为对称加密、非对称加密、单向加密。各类加密算法的使用场景不同，应根据加密算法的特性（如运算速度、安全性、密钥管理方式）来选择合适的算法。安全性是衡量加密算法优劣的一个重要指标，容易破解的加密算法称为弱加密算法，使用弱加密算法处理敏感数据，无法保证敏感数据的安全性。例如，可以使用穷举法在有限的时间内破解 DES 算法。本节分析弱加密产生的原因、危害以及修复方法。

3.19.2　弱加密的危害

对于抗攻击性弱的加密算法，一旦被利用会造成个人隐私信息泄露，甚至财产损失。CVE 中也有一些与之相关的漏洞信息，如表 3-17 所示。

表 3-17　与弱加密相关的漏洞信息

漏洞编号	漏洞概述
CVE-2020-12702	eWeLink 移动应用程序（Android 应用程序 V4.9.2 及更早版本，iOS 应用程序 V4.9.1 及更早版本）在快速配对模式下存在弱加密缺陷，这使攻击者可以通过监视 Wi-Fi 来窃听 Wi-Fi 凭据和其他敏感信息
CVE-2020-23162	在 10.04k 之前版本的 Pyrescom Termod4 时间管理设备中存在敏感信息泄露和弱加密缺陷，这使远程攻击者可以读取会话文件并获取纯文本用户凭据
CVE-2018-9028	CA Privileged Access Manager 2.x 在传输密码时使用弱加密，导致密码破解的复杂性降低

(续表)

漏洞编号	漏洞概述
CVE-2018-18325	DNN 9.2 至 9.2.2 版本使用弱加密算法来保护输入参数
CVE-2017-12129	Moxa EDR-810 V4.1 build 17030317 的 Web 服务器功能中存在可利用的弱加密缺陷。攻击者可拦截弱加密密码，并可对其进行暴力破解

3.19.3 实例代码

本节使用实例的完整源代码可参考本书配套资源文件夹，源文件名：BenchmarkTest00019.java。

1）缺陷代码

```
45.     java.io.InputStream param = request.getInputStream();
46.
47.
48.     try {
49.         java.util.Properties benchmarkprops = new java.util.
            Properties();
50.         benchmarkprops.load(this.getClass().getClassLoader().
            getResourceAsStream("benchmark.properties"));
51.         String algorithm = benchmarkprops.getProperty
            ("cryptoAlg1", "DESede/ECB/PKCS5Padding");
52.         javax.crypto.Cipher c = javax.crypto.Cipher.
            getInstance(algorithm);
53.
54.         // Prepare the cipher to encrypt
55.         javax.crypto.SecretKey key = javax.crypto.
            KeyGenerator.getInstance("DES").generateKey();
56.         c.init(javax.crypto.Cipher.ENCRYPT_MODE, key);
57.
58.         // encrypt and store the results
59.         byte[] input = { (byte)'?' };
60.         Object inputParam = param;
61.         if (inputParam instanceof String) input = ((String)
            inputParam).getBytes();
62.         if (inputParam instanceof java.io.InputStream) {
```

```
63.          byte[] strInput = new byte[1000];
64.          int i = ((java.io.InputStream) inputParam).
             read(strInput);
65.          if (i == -1) {
66.              response.getWriter().println(
67.                  "This input source requires a POST, not a GET.
                  Incompatible UI for the InputStream source."
68.              );
69.              return;
70.          }
71.          input = java.util.Arrays.copyOf(strInput, i);
72.      }
73.      byte[] result = c.doFinal(input);
```

上述代码的目的是读取请求中的内容并将其加密处理。在第 49 行获取读取配置文件的实例 benchmarkprops，在第 50 行加载配置文件，在第 51 行读取配置文件中的属性 cryptoAlg1，若无此属性值，则默认使用 DESede/ECB/PKCS5Padding 给 algorithm 赋值，在第 52 行将使用 algorithm 作为加密算法构造加密对象 c，接下来准备加密的密码，在第 56 行实例化一个 DES 加密算法的密钥生成器，指定加密对象 c 的操作模式为加密，其中 key 为密钥，在第 59～72 行将请求中的输入流转换为字节数组 input，在第 73 行对 input 进行加密，加密结果是字节数组 result。其中使用 DES 算法生成的密钥短，仅有 56 位，运算速度较慢，而且 DES 算法完全依赖密钥，易受穷举搜索法攻击。

2）修复代码

```
45.      java.io.InputStream param = request.getInputStream();
46.
47.
48.      try {
49.          java.util.Properties benchmarkprops = new java.util.
             Properties();
50.          benchmarkprops.load(this.getClass().getClassLoader().
             getResourceAsStream("benchmark.properties"));
51.          String algorithm = benchmarkprops.getProperty
             ("cryptoAlg1", "DESede/ECB/PKCS5Padding");
```

```
52.         javax.crypto.Cipher c = javax.crypto.Cipher.
            getInstance(algorithm);
53.
54.         // Prepare the cipher to encrypt
55.         javax.crypto.SecretKey key = javax.crypto.
            KeyGenerator.getInstance("AES").generateKey();
56.         c.init(javax.crypto.Cipher.ENCRYPT_MODE, key);
57.
58.         // encrypt and store the results
59.         byte[] input = { (byte)'?' };
60.         Object inputParam = param;
61.         if (inputParam instanceof String) input = ((String)
            inputParam).getBytes();
62.         if (inputParam instanceof java.io.InputStream) {
63.             byte[] strInput = new byte[1000];
64.             int i = ((java.io.InputStream) inputParam).
                read(strInput);
65.             if (i == -1) {
66.                 response.getWriter().println(
67.                 "This input source requires a POST, not a GET.
                    Incompatible UI for the InputStream source."
68.                 );
69.                 return;
70.             }
71.             input = java.util.Arrays.copyOf(strInput, i);
72.         }
73.         byte[] result = c.doFinal(input);
```

上述修复代码的第 55 行使用 AES 算法替代 DES 算法。AES 算法可生成最少 128 位，最高 256 位的密钥，且运算速度快，占用内存低。

3.19.4 如何避免弱加密

安全性要求较高的系统建议使用安全加密算法（如 AES 算法、RSA 算法）对敏感数据进行加密。

3.20 硬编码加密密钥

3.20.1 硬编码加密密钥的概念

密码学借助加密技术对所要传送的信息进行处理，防止非法人员对数据的窃取篡改。加密的强度和选择的加密技术、密钥有很大的关系。常用的密码学算法大多都是公开的，所以密钥的保密程度显得至关重要。如果密钥泄露，那么对于对称密码算法来说，根据用到的密钥算法和加密后的密文，很容易得到加密前的明文；对于非对称密码算法或签名算法，根据密钥和加密的明文，很容易计算出签名值，从而伪造签名。本节分析硬编码加密密钥产生的原因、危害以及修复方法。

3.20.2 硬编码加密密钥的危害

在代码中使用硬编码加密密钥，由于密钥的用途不同，因此可能导致不同的安全风险。例如，由于加密数据被破解，因此数据不再保密；由于服务器通信签名被破解，因此引发越权、重置密码等。

3.20.3 实例代码

本节使用实例的完整源代码可参考本书配套资源文件夹，源文件名：HardcodedEncryptionKey.java。

1）缺陷代码

```
15.String encryptionKey = "dfashsdsdfsdgagascv";
16.byte[] keyBytes = secretKey.getEncoded();
17.SecretKeySpec key = new SecretKeySpec(keyBytes, "AES");
18.Cipher encryptCipher = Cipher.getInstance("AES");
19.encryptCipher.init(Cipher.ENCRYPT_MODE, key);
20.return encryptCipher.doFinal(data);
```

上述代码的目的是使用硬编码加密密钥对原文加密。在第 15 行给定一个密钥字符串，在第 16~17 行根据给定的密钥字节数组和 AES 算法构造一个密钥对象，在第 18 行同样使用 AES 算法实例化加密类，在第 19 行使用加密模式和密钥对象进行初始化，在第 20 行通过加密操作，返回加密后的字节数组。当程序中使用硬编码加密密钥时，所有项目开发人员都可以查看该密钥。若攻击者获取到程序的 class 文件，则可以通过反编译得到密钥，因此使用硬编码加密密钥会大大降低系统安全性。

2）修复代码

```
18.KeyGenerator keyGen = KeyGenerator.getInstance("AES");
19.keyGen.init(128, new SecureRandom(Rules.getBytes()));
20.SecretKey secretKey = keyGen.generateKey();
21.byte[] keyBytes = secretKey.getEncoded();
22.SecretKeySpec key = new SecretKeySpec(keyBytes, "AES");
23.Cipher encryptCipher = Cipher.getInstance("AES");
24.encryptCipher.init(Cipher.ENCRYPT_MODE, key);
25.return encryptCipher.doFinal(data);
```

上述修复代码的第 18 行构造密钥生成器，指定为 AES 算法，不区分大小写，在第 19 行根据传入的字节数组生成一个 128 位的随机源，在第 20 行产生原始对称密钥，在第 21 行获得原始对称密钥的字节数组。使用 KeyGenerator 类作为密钥生成器可替代硬编码加密密钥。

3.20.4 如何避免硬编码加密密钥

程序应采用不小于 8 个字节的随机生成的字符串作为密钥。

第 4 章 代码质量类缺陷分析

4.1 有符号整数溢出

4.1.1 有符号整数溢出的概念

C/C++语言中的整数类型分为有符号整数和无符号整数，其中有符号整数的最高位表示符号（正或负），其余位表示数值大小；无符号整数所有位都用于表示数值大小。有符号整数的取值范围为$[-2^{n-1}, 2^{n-1}-1]$，当有符号整数的值超出了有符号整数的取值范围时就会出现整数溢出。导致有符号整数溢出的重要原因之一是有符号整数的运算操作不当，常见的运算有"+""-""*""/""%""++""--"等。若没有对值的范围进行判断和限制，则很容易出现有符号整数溢出问题。本节分析有符号整数溢出产生的原因、危害以及修复方法。

4.1.2 有符号整数溢出的危害

有符号整数溢出会导致数值错误。由于错误数值使用位置（如错误的数值用于内存操作等）的不同，可能导致不同的安全问题，包括拒绝服务攻击、内存破坏等。CVE中也有一些与之相关的漏洞信息，如表4-1所示。

表4-1 与有符号整数溢出相关的漏洞信息

漏洞编号	漏洞概述
CVE-2018-1000098	Teluu PJSIP 2.7.1 及之前版本在 pjmedia sdp 解析中包含一个可能导致崩溃的整数溢出漏洞。这种攻击可以通过发送一条精心设计的消息来加以利用

（续表）

漏洞编号	漏洞概述
CVE-2018-1000524	MiniSphere 5.2.9 及之前版本的 map_engine.c 文件中的 layer_resize() 函数包含一个整数溢出漏洞，可导致拒绝服务攻击。该漏洞在 5.0.3、5.1.5、5.2.10 及之后版本中修复
CVE-2018-1000127	Memcached 1.4.37 之前版本的 items.c:item_free() 函数包含整数溢出漏洞，可导致数据损坏和死锁。该漏洞在 1.4.37 及之后版本中修复
CVE-2019-9930	多款 Various Lexmark 产品存在整数溢出漏洞
CVE-2020-5310	Pillow 6.2.2 之前版本的 libImaging/TiffDecode.c 文件存在整数溢出漏洞
CVE-2021-1059	NVIDIA vGPU manager 8.x（8.6 之前）、11.x（11.3 之前）版本存在安全漏洞。该漏洞源于输入索引未验证，可能导致整数溢出，进而导致数据篡改、信息泄露或拒绝服务

4.1.3 实例代码

本节使用实例的完整源代码可参考本书配套资源文件夹，源文件名：CWE190_Integer_Overflow__int64_t_max_multiply_01.c。

1）缺陷代码

```
22.void CWE190_Integer_Overflow__int64_t_max_multiply_01_bad()
23.{
24.    int64_t data;
25.    data = 0LL;
26.    /* POTENTIAL FLAW: Use the maximum size of the data type */
27.    data = LLONG_MAX;
28.    if(data > 0) /* ensure we won't have an underflow */
29.    {
30.        /* POTENTIAL FLAW: if (data*2) > LLONG_MAX, this will
             overflow */
31.        int64_t result = data * 2;
32.        printLongLongLine(result);
33.    }
34.}
```

上述代码虽然在第 28 行通过 if() 语句保证了 data 的值不能小于等于 0，但并没有对 data 值的上限进行限制，当在第 31 行进行 data*2 运算并赋值给 result

时，超出 result 类型的最大值，从而导致有符号整数溢出问题。

2）修复代码

```
56.static void goodB2G()
57.{
58.    int64_t data;
59.    data = 0LL;
60.    /* POTENTIAL FLAW: Use the maximum size of the data type
       */
61.    data = LLONG_MAX;
62.    if(data > 0) /* ensure we won't have an underflow */
63.    {
64.        /* FIX: Add a check to prevent an overflow from
           occurring */
65.        if (data < (LLONG_MAX/2))
66.        {
67.            int64_t result = data * 2;
68.            printLongLongLine(result);
69.        }
70.        else
71.        {
72.            printLine("data value is too large to perform
                arithmetic safely.");
73.        }
74.    }
75.}
```

上述修复代码的第 65 行通过 if()语句对 data 的最大值进行限制，从而避免在第 67 行进行 data*2 操作时产生有符号整数溢出问题。

4.1.4 如何避免有符号整数溢出

（1）在进行有符号整数操作时，需对有符号整数的取值范围进行有效判断。

（2）对来自不可信源的有符号整数进行运算操作时，需要格外注意。

（3）使用源代码静态分析工具进行自动化的检测，可以有效发现源代码中的有符号整数溢出问题。

4.2 无符号整数回绕

4.2.1 无符号整数回绕的概念

在 4.1 节中,我们对有符号整数溢出问题进行了分析。本节主要介绍 C/C++ 整数类型中的无符号整数使用不当问题,分析无符号整数回绕产生的原因、危害以及修复方法。

首先来看一下无符号整数的取值范围,表 4-2 列出了 ANSI 标准定义的无符号整数类型及范围。

表 4-2 无符号整数类型及范围

类　　型	位　　数	最小取值范围
unsigned int	16/32	0~65535
unsigned short int	16	0~65535
unsigned long int	32	0~4294967295
unsigned long long int	64	2^{64}-1

无符号整数计算不会产生溢出,但当数值超过无符号整数的取值范围时会发生回绕。例如,无符号整数的最大值加 1 会返回 0,无符号整数的最小值减 1 会返回该类型的最大值。造成无符号整数回绕的操作符有 "+" "-" "*" "++" "--" "+=" "-=" "*=" "<<=" "<<" 等。

4.2.2 无符号整数回绕的危害

无符号整数回绕直接导致的结果是产生数值错误,计算所得值不符合程序的预期。当无符号整数回绕产生一个最大值时,如果数据用于内存复制函数(如 memcpy()),那么会复制一个巨大的数据,可能导致程序错误或堆栈被破坏。除此之外,无符号整数回绕可能被用于内存分配,当使用 malloc()函数进行内存分配时,若 malloc()函数的参数产生回绕,为 0 或一个最大值,则可能导致

0 长度的内存分配或内存分配失败。CVE 中也有一些与之相关的漏洞信息,如表 4-3 所示。

表 4-3 与无符号整数回绕相关的漏洞信息

漏洞编号	漏洞概述
CVE-2018-5848	在 Linux Kernel 的 CAF(所有 Android 版本)中,没有正确处理无符号整数回绕问题,导致漏洞出现。攻击者可利用该漏洞执行任意代码或造成拒绝服务

4.2.3 实例代码

本节使用实例的完整源代码可参考本书配套资源文件夹,源文件名:CWE190_Integer_Overflow__unsigned_int_fscanf_multiply_01.c。

1)缺陷代码

```
22. void CWE190_Integer_Overflow__unsigned_int_fscanf_multiply_
    01_bad()
23. {
24.     unsigned int data;
25.     data = 0;
26.     /* POTENTIAL FLAW: Use a value input from the console */
27.     fscanf (stdin, "%u", &data);
28.     if(data > 0) /* ensure we won't have an underflow */
29.     {
30.         /* POTENTIAL FLAW: if (data*2) > UINT_MAX, this will
             overflow */
31.         unsigned int result = data * 2;
32.         printUnsignedLine(result);
33.     }
34. }
```

上述代码的第 27 行使用 fscanf() 函数从输入流(stream)中读入数据,并在第 28 行对读入数据的下限进行了限制,但并没有对 data 值的上限进行限制,在第 31 行进行 data*2 运算并赋值给 result,若 data*2 的值超过了 UNIT_MAX,则会产生无符号整数回绕问题。

2）修复代码

```
56. static void goodB2G()
57. {
58.     unsigned int data;
59.     data = 0;
60.     /* POTENTIAL FLAW: Use a value input from the console */
61.     fscanf (stdin, "%u", &data);
62.     if(data > 0) /* ensure we won't have an underflow */
63.     {
64.         /* FIX: Add a check to prevent an overflow from
                occurring */
65.         if (data < (UINT_MAX/2))
66.         {
67.             unsigned int result = data * 2;
68.             printUnsignedLine(result);
69.         }
70.         else
71.         {
72.             printLine("data value is too large to perform
                    arithmetic safely.");
73.         }
74.     }
75. }
```

上述修复代码的第 65 行通过 if() 语句对 data 的最大值进行限制，从而避免在第 67 行进行 data*2 操作时产生无符号整数回绕问题。

4.2.4 如何避免无符号整数回绕

（1）当函数的参数类型为无符号整数时，需对传入参数的值进行有效判断，避免直接或经过运算后产生回绕。

（2）不可信源的数据仍需格外注意，应对来自不可信源的数据进行过滤和限制。

（3）使用源代码静态分析工具进行自动化的检测，可以有效发现源代码中的无符号整数回绕问题。

4.3 空指针解引用

4.3.1 空指针解引用的概念

C/C++语言空指针的值为 NULL。一般 NULL 指针指向进程的最小地址，通常这个值为 0。当程序试图解引用一个期望非空，但是实际为空的指针时，会发生空指针解引用错误。对空指针的解引用会导致出现未定义的行为。在很多平台上，解引用空指针可能导致程序异常终止或拒绝服务。例如，在 Linux 系统中访问空指针会产生 Segmentation fault 错误。本节分析空指针解引用产生的原因、危害以及修复方法。

4.3.2 空指针解引用的危害

空指针解引用是 C/C++程序中较为普遍存在的内存缺陷类型，当指针指向无效的内存地址并对其解引用时，有可能产生不可预见的错误，导致软件系统崩溃、拒绝服务等诸多严重后果。CVE 中也有一些与之相关的漏洞信息，如表 4-4 所示。

表 4-4 与空指针解引用相关的漏洞信息

漏洞编号	漏洞概述
CVE-2018-16517	Netwide Assembler 的 asm/labels.c 文件存在空指针解引用，攻击者可进行拒绝服务攻击
CVE-2018-16428	GNOME Glib 2.56.1 的 gmarkup.c 中的 g_markup_parse_context_end_parse() 函数存在空指针解引用
CVE-2018-16329	ImageMagick 7.0.8-8 之前版本的 MagickCore/property.c 文件中的 GetMagickProperty() 函数存在空指针解引用
CVE-2018-16328	ImageMagick 7.0.8-8 之前版本的 MagickCore/log.c 文件中的 CheckEventLogging()函数存在空指针解引用
CVE-2019-9635	TensorFlow 1.12.2 之前版本存在空指针解引用
CVE-2020-9385	Zint 2.7.1 中的 libzint 存在空指针解引用
CVE-2021-27186	针对 Fluent Bit 1.6.10，当没有对 flb_avro.c 或 http_server/api/v1/metrics.c 文件的 flb_malloc 的返回值进行验证时，存在空指针解引用

4.3.3 实例代码

本节使用实例的完整源代码可参考本书配套资源文件夹，源文件名：CWE476_NULL_Pointer_Dereference__char_01.c。

1）缺陷代码

```
24.void CWE476_NULL_Pointer_Dereference__char_01_bad()
25.{
26.    char * data;
27.    /* POTENTIAL FLAW: Set data to NULL */
28.    data = NULL;
29.    /* POTENTIAL FLAW: Attempt to use data, which may be NULL
       */
30.    /* printLine() checks for NULL, so we cannot use it here
       */
31.    printHexCharLine(data[0]);
32.}
```

上述代码的第26行定义了指针data，并在第28行将data赋为NULL。当在第31行对data进行解引用操作时，存在空指针解引用。

2）修复代码

```
50.static void goodB2G()
51.{
52.    char * data;
53.    /* POTENTIAL FLAW: Set data to NULL */
54.    data = NULL;
55.    /* FIX: Check for NULL before attempting to print data */
56.    if (data != NULL)
57.    {
58.        /* printLine() checks for NULL, so we cannot use it
           here */
59.        printHexCharLine(data[0]);
60.    }
61.    else
```

```
62.     {
63.         printLine("data is NULL");
64.     }
65. }
```

上述修复代码的第 56 行通过 if()语句对 data 是否为 NULL 进行判断,当 data 不为 NULL 时,再进行解引用操作,从而避免了空指针解引用。

4.3.4 如何避免空指针解引用

(1) 在使用指针前需要进行健壮性检查。
(2) 当调用函数的返回值可能为空时,需要对函数返回值进行非空验证。
(3) 在释放指针指向的空间后,需要将指针的值赋为空。
(4) 确保异常被正确处理。

4.4 解引用未初始化的指针

4.4.1 解引用未初始化的指针的概念

指针声明后没有进行初始化就对其进行解引用会导致出现未定义的行为。一些动态内存分配方法虽然会对内存进行申请,但也可能不会对申请的内存进行初始化。例如,malloc()、aligned_alloc()函数不会初始化,calloc()函数会初始化为 0。程序在解引用这些不确定的值时,可能会触发非预期的行为,甚至可能会使程序存在被恶意攻击的严重隐患。本节分析解引用未初始化的指针产生的原因、危害以及修复方法。

4.4.2 解引用未初始化的指针的危害

未初始化的指针拥有不确定的值,对未初始化的指针进行解引用可能导致空指针解引用或其他不符合预期的行为。CVE 中也有一些与之相关的漏洞信息,如表 4-5 所示。

表 4-5 与解引用未初始化的指针相关的漏洞信息

漏洞编号	漏洞概述
CVE-2018-19407	Linux kernel 4.19.2 及之前版本的 arch/x86/kvm/x86.c 文件中的 vcpu_scan_ioapic()函数存在安全漏洞,原因是当满足一定条件时 ioapic 未初始化。本地攻击者可借助特制的系统调用,利用该漏洞造成拒绝服务(空指针解引用)
CVE-2018-4040	Atlantis Word Processor 3.2.7.2 中的 rich text format parser 存在安全漏洞。攻击者可通过诱使用户打开特制的文档,利用该漏洞造成 RTF 令牌解引用未初始化的指针,进而执行代码或造成应用程序崩溃
CVE-2018-3842	Foxit PDF Reader 9.0.1.1049 中的 JavaScript 引擎存在未初始化指针。通过构建特殊的 PDF 文件可以导致解引用未初始化的指针,攻击者可利用该漏洞执行任意代码
CVE-2020-6078	Videolabs libmicrodns 0.1.0 中的消息解析功能存在安全漏洞。当程序未检查 mdns_read_header()函数的返回值时,可能导致解引用未初始化的指针。攻击者可通过发送一系列消息,导致服务崩溃

4.4.3 实例代码

本节使用实例的完整源代码可参考本书配套资源文件夹,源文件名:CWE457_Use_of_Uninitialized_Variable__double_pointer_01.c。

1)缺陷代码

```
24.void CWE457_Use_of_Uninitialized_Variable__double_pointer_
   01_bad()
25.{
26.    double * data;
27.    /* POTENTIAL FLAW: Don't initialize data */
28.    /* empty statement needed for some flow variants */
29.    /* POTENTIAL FLAW: Use data without initializing it */
30.    printDoubleLine(*data);
31.}
```

在上述实例代码中,第 26 行定义了 double 类型指针 data,但并未进行初始化,随后在第 30 行对 data 进行了解引用,由于此时 data 并未被赋值,其指向的内存也是未定义的,因此存在解引用未初始化的指针问题。

2)修复代码

```
51.static void goodB2G()
```

```
52.{
53.    double * data;
54.    /* POTENTIAL FLAW: Don't initialize data */
55.    /* empty statement needed for some flow variants */
56.    /* FIX: Ensure data is initialized before use */
57.    /* initialize both the pointer and the data pointed to */
58.    data = (double *)malloc(sizeof(double));
59.    if (data == NULL) {exit(-1);}
60.    *data = 5.0;
61.    printDoubleLine(*data);
62.}
```

上述修复代码的第 53 行定义了 double 类型的指针 data，在第 58 行使用 malloc()函数动态申请内存，并在第 59 行判断内存申请是否成功，随后在第 60 行对指针 data 进行初始化，从而避免在第 61 行出现解引用未初始化的指针问题。

4.4.4　如何避免解引用未初始化的指针

（1）在指针声明时完成初始化操作。

（2）谨记一些动态内存分配函数不会对指针进行初始化，在申请内存后需要人工对申请的内存进行初始化。

4.5　除数为零

4.5.1　除数为零的概念

C/C++有 5 个基本算数运算符：加法（+）、减法（-）、乘法（*）、除法（/）和取模（%）。

"+"运算符指第 1 个操作数加上第 2 个操作数。

"-"运算符指从第 1 个操作数中减去第 2 个操作数。

"*"运算符指第 1 个操作数乘以第 2 个操作数。

"/" 运算符指第 1 个操作数除以第 2 个操作数。

"%" 运算符指取第 1 个操作数除以第 2 个操作数的余数。

其中 "/" 运算的第 2 个操作数不能为 0，当第 2 个操作数为 0 时，会导致除数为零错误。

本节分析除数为零产生的原因、危害以及修复方法。

4.5.2 除数为零的危害

当出现除数为零的错误时，通常会导致程序崩溃和拒绝服务漏洞。CVE 中也有一些与之相关的漏洞信息，如表 4-6 所示。

表 4-6 与除数为零相关的漏洞信息

漏洞编号	漏洞概述
CVE-2018-18195	Libgig 4.1.0 的 DLS.cpp 文件中的 DLS::Sample::Sample()函数存在除数为零漏洞
CVE-2018-18521	Elfutils 0.174 的 arlib.c 文件中的 arlib_add_symbols()函数存在安全漏洞。该漏洞源于程序没有正确处理 sh_entsize 为零的情况。远程攻击者可借助特制的 sh_entsize 文件，利用该漏洞造成拒绝服务（除数为零漏洞和应用程序崩溃）
CVE-2018-19628	Wireshark 2.6.0 至 2.6.4 版本的 ZigBee ZCL 解析器存在除数为零漏洞。攻击者可通过注入畸形的数据包或诱使用户读取畸形的数据包跟踪文件，利用该漏洞使 Wireshark 崩溃
CVE-2019-11472	ImageMagick 7.0.8-41 Q16 的 XWD 图像解析组件的 coders/xwd.c 文件中的 ReadXWDImage()函数存在安全漏洞。攻击者可借助特制的 XWD 图像文件，利用该漏洞造成拒绝服务（除数为零漏洞）
CVE-2020-27760	ImageMagick 7.0.8-68 及之前版本存在安全漏洞。该漏洞源于/MagickCore/enhance.c 的 GammaImage()函数，当 ImageMagick 处理精心构造的输入文件时，有可能触发除数为零漏洞，这可能会影响应用程序的可用性

4.5.3 实例代码

本节使用实例的完整源代码可参考本书配套资源文件夹，源文件名：CWE369_Divide_by_Zero__int_fscanf_divide_01.c。

1）缺陷代码

```
22.void CWE369_Divide_by_Zero__int_fscanf_divide_01_bad()
```

```
23.{
24.    int data;
25.    /* Initialize data */
26.    data = -1;
27.    /* POTENTIAL FLAW: Read data from the console using
       fscanf() */
28.    fscanf(stdin, "%d", &data);
29.    /* POTENTIAL FLAW: Possibly divide by zero */
30.    printIntLine(100 / data);
31.}
```

上述代码的第 28 行使用 fscanf()函数从标准输入流中读取数据并存放在 data 中,这个输入来自不可信源,值可能为 0。当在第 30 行进行"/"运算时,存在除数为零问题。

2)修复代码

```
50.static void goodB2G()
51.{
52.    int data;
53.    /* Initialize data */
54.    data = -1;
55.    /* POTENTIAL FLAW: Read data from the console using
       fscanf() */
56.    fscanf(stdin, "%d", &data);
57.    /* FIX: test for a zero denominator */
58.    if( data != 0 )
59.    {
60.        printIntLine(100 / data);
61.    }
62.    else
63.    {
64.        printLine("This would result in a divide by zero");
65.    }
66.}
```

上述修复代码的第 58 行通过 if()语句对 data 是否为 0 进行判断,当 data 不为 0 时,进行"/"运算,从而避免了除数为零问题。

4.5.4 如何避免除数为零

在进行除法运算时，需要对除数是否为 0 进行判断，尤其是当除数来自不可信数据源、复杂运算、函数返回值时，需格外留意是否存在除数为零的错误。

4.6 在 scanf()函数中没有对%s 格式符进行宽度限制

4.6.1 在 scanf()函数中没有对%s 格式符进行宽度限制的概念

scanf()是 C 语言中的一个输入函数，与 printf()函数一样，都被声明在头文件 stdio.h 中。函数原型如下：

```
int scanf(const char * restrict format,...);
```

函数的第 1 个参数是格式字符串，它指定了输入的格式，按照格式符解析输入对应位置的信息，并存储于可变参数列表中对应指针所指的位置。

常见的格式符有%c、%d、%s、%o、%p、%x、%X 等，其中%s 的功能是接收输入字符串并放入一个字符数组，在输入时以非空字符开始，以遇到第 1 个空字符为止。scanf()函数在匹配非空字符时，使用字符指针指向数组，当没有对最大字段宽度进行限制时，可能会导致缓冲区溢出问题。

与 scanf()函数存在相同问题的还有 vscanf()函数、fscanf()函数和 vsscanf()函数。

本节分析在 scanf()函数中没有对%s 格式符进行宽度限制产生的原因、危害以及修复方法。

4.6.2 在 scanf()函数中没有对%s 格式符进行宽度限制的危害

scanf()函数、vscanf()函数、fscanf()函数和 vsscanf()函数接收外部输入，如果输入的长度超出了目标缓冲区长度，就会覆盖其他数据区，导致缓冲区溢出。

4.6.3 实例代码

本节使用实例的完整源代码可参考本书配套资源文件夹，源文件名：strings.c

1）缺陷代码

```
63.static char **read_config_file(FILE *f, int *num_of_params)
64.{
65.  char a[2000];
66.  char b[10];
67.  int ret, ret2;
68.  char **argv;
69.  int n;
70.
71.  argv = malloc((MAX_PARAMS+1)*sizeof(char*));
72.  if (argv == NULL)
73.    return NULL;
74.
75.  for (n = 0; n <= MAX_PARAMS; n++)
76.    argv[n] = NULL;
77.
78.  n = 1;
79.  while (n <= MAX_PARAMS)
80.  {
81.    /* Check for double quote */
82.    ret2 = fscanf(f, " %[\"]", b);
83.
84.    /* There is no double quote -> read next string */
85.    if (ret2 == 0)
86.    {
87.      ret = fscanf(f, " %s", a);
88.
```

在第 87 行使用 fscanf()函数从输入流（stream）中读入数据，使用%s 格式符，但没有对宽度进行限制，存在安全隐患。

2）修复代码

```
64. static char **read_config_file(FILE *f, int *num_of_params)
65. {
66.   char a[2000];
67.   char b[10];
68.   int ret, ret2;
69.   char **argv;
70.   int n;
71.
72.   argv = malloc((MAX_PARAMS+1)*sizeof(char*));
73.   if (argv == NULL)
74.     return NULL;
75.
76.   for (n = 0; n <= MAX_PARAMS; n++)
77.     argv[n] = NULL;
78.
79.   n = 1;
80.   while (n <= MAX_PARAMS)
81.   {
82.     /* Check for double quote */
83.     ret2 = fscanf(f, " %[\"]", b);
84.
85.     /* There is no double quote -> read next string */
86.     if (ret2 == 0)
87.     {
88.       ret = fscanf(f, " %1999s", a);
89.
```

在上述修复代码的第 88 行对%s 格式符的宽度进行了限制，从而避免了在 scanf()函数中没有对%s 格式符进行宽度限制问题。

4.6.4 如何避免在 scanf()函数中没有对%s 格式符进行宽度限制

（1）在使用 scanf()函数、vscanf()函数、fscanf()函数和 vsscanf()函数时，如果使用%s 格式符，那么需要对最大字段宽度进行限制。

（2）使用源代码静态分析工具进行自动化的检测，可以有效发现源代码中的在 scanf()函数中没有对%s 格式符进行宽度限制的问题。

4.7 被污染的格式化字符串

4.7.1 被污染的格式化字符串的概念

格式化字符串函数可以接收可变数量的参数，函数的调用者可以自由指定函数参数的数量和类型。常见的格式化字符串函数有 scanf()、printf()、fprintf()、vprintf()、vfprintf()、sprintf()、snprintf()、vsprintf()、vsnprintf()等。当程序使用了格式化字符串作为参数，且该格式化字符串来自外部输入时，如果没有对外部输入进行有效过滤，就有可能触发被污染的格式化字符串漏洞。本节分析被污染的格式化字符串产生的原因、危害以及修复方法。

4.7.2 被污染的格式化字符串的危害

直接将被污染的数据作为格式化字符串进行操作，由于污染数据内容的不确定性，因此可能导致格式化匹配混乱、解析错误，甚至系统运行崩溃或者执行恶意代码。例如，在使用 printf()函数时，输入如下代码：

```
scanf("%s",str);
printf(str);
```

这段代码的目的是输出字符串，但是由于这段字符串来源于被污染的数据，且直接使用了 printf(str)形式，因此可能会把栈上的偏移当成数据输出。通过构造格式化字符串的方法就可以实现任意地址的读或写。CVE 中也有一些与之相关的漏洞信息，如表 4-7 所示。

表 4-7 与被污染的格式化字符串相关的漏洞信息

漏 洞 编 号	漏 洞 概 述
CVE-2018-6875	KeepKey 4.0.0 中存在被污染的格式化字符串漏洞。攻击者可利用该漏洞访问无权访问的信息
CVE-2018-6317	Claymore Dual Miner 是一款用于挖矿（虚拟货币计算）的 GPU 监控软件。Claymore Dual Miner 10.5 及之前版本中的远程管理界面存在未授权的被污染的格式化字符串漏洞。攻击者可利用该漏洞读取内存或造成拒绝服务

（续表）

漏洞编号	漏洞概述
CVE-2018-17336	UDisks 是 Linux 系统上的系统服务，它主要用于列举设备并提供设备相关的信息。UDisks 2.8.0 的 udiskslogging.c 文件中的 udisks_log()函数存在被污染的格式化字符串漏洞。攻击者可借助畸形的文件系统标签，利用该漏洞获取敏感信息（栈内容）并造成拒绝服务（内存损坏）
CVE-2019-6840	U.motion Server（MEG6501-0001 - U.motion KNX Server，MEG6501-0002 - U.motion KNX Server Plus，MEG6260-0410 - U.motion KNX Server Plus，Touch 10，MEG6260-0415 - U.motion KNX Server Plus，Touch 15）产品中存在被污染的格式化字符串漏洞。该漏洞源于网络系统或产品在接收外部格式化字符串作为参数时，对参数类型、数量等过滤不严格
CVE-2020-13160	AnyDesk 5.5.3 之前版本（Linux 和 FreeBSD 平台）存在被污染的格式化字符串漏洞。攻击者可利用该漏洞访问无权访问的信息

4.7.3　实例代码

本节使用实例的完整源代码可参考本书配套资源文件夹，源文件名：CWE134_Uncontrolled_Format_String__char_environment_fprintf_01.c。

1）缺陷代码

```
34.void CWE134_Uncontrolled_Format_String__char_environment_
   fprintf_01_bad()
35.{
36.    char * data;
37.    char dataBuffer[100] = "";
38.    data = dataBuffer;
39.    {
40.        /* Append input from an environment variable to data */
41.        size_t dataLen = strlen(data);
42.        char * environment = GETENV(ENV_VARIABLE);
43.        /* If there is data in the environment variable */
44.        if (environment != NULL)
45.        {
46.            /* POTENTIAL FLAW: Read data from an environment
                variable */
47.            strncat(data+dataLen, environment, 100-dataLen-1);
```

```
48.        }
49.    }
50.    /* POTENTIAL FLAW: Do not specify the format allowing a
       possible format string vulnerability */
51.    fprintf(stdout, data);
52.}
```

上述代码的第 42 行使用 GETENV()函数获取环境变量并使用 strncat()函数读取环境变量信息至 data 中，在第 51 行使用 fprintf()函数，没有明确指定格式符，而是直接使用了 data 数据，因此存在被污染的格式化字符串问题。

2）修复代码

```
71.static void goodB2G()
72.{
73.    char * data;
74.    char dataBuffer[100] = "";
75.    data = dataBuffer;
76.    {
77.        /* Append input from an environment variable to data
           */
78.        size_t dataLen = strlen(data);
79.        char * environment = GETENV(ENV_VARIABLE);
80.        /* If there is data in the environment variable */
81.        if (environment != NULL)
82.        {
83.            /* POTENTIAL FLAW: Read data from an environment
               variable */
84.            strncat(data+dataLen, environment, 100-dataLen-1);
85.        }
86.    }
87.    /* FIX: Specify the format disallowing a format string
       vulnerability */
88.    fprintf(stdout, "%s\n", data);
89.}
```

上述修复代码的第 88 行对 fprintf()函数的格式符进行了明确定义，从而避免了被污染的格式化字符串问题。

4.7.4 如何避免被污染的格式化字符串

（1）明确指定格式符，避免被污染的数据作为格式化字符串。

（2）使用源代码静态分析工具进行自动化的检测，可以有效发现被污染的格式化字符串问题。

4.8 不当的循环终止

4.8.1 不当的循环终止的概念

C/C++语言中的循环操作包括 for()循环、while()循环、do{}while()循环等。在使用循环操作时，需要设定恰当的循环终止条件，避免造成死循环。本节分析不当的循环终止产生的原因、危害以及修复方法。

4.8.2 不当的循环终止的危害

不当的循环终止通常会导致死循环的发生，进而导致拒绝服务攻击、程序崩溃等。CVE 中也有一些与之相关的漏洞信息，如表 4-8 所示。

表 4-8 与不当的循环终止相关的漏洞信息

漏洞编号	漏洞概述
CVE-2018-19826	LibSass 是一个使用 C 语言编写的开源 Sass（CSS 扩展语言）解析器。LibSass 3.5.5 的 inspect.cpp 文件存在安全漏洞（死循环）
CVE-2018-10316	Netwide Assembler（NASM）是一个基于 Linux 的汇编器，它能够创建二进制文件并编写引导加载程序。NASM 2.14rc0 的 asm/nasm.c 文件中的 assemble_file()函数存在整数溢出漏洞。攻击者可借助特制的文件，利用该漏洞造成拒绝服务（死循环）
CVE-2019-20922	Handlebars 4.4.5 之前版本存在安全漏洞。该漏洞源于在处理精心制作的模板时，解析器可能陷入无限循环，这可能使攻击者耗尽系统资源

4.8.3 实例代码

本节使用实例的完整源代码可参考本书配套资源文件夹，源文件名：endless_loop.c。

1）缺陷代码

```
34.void endless_loop_002 ()
35.{
36.  int ret;
37.  int a = 0;
38.  int i;
39.  for (i = 0; i < 10; )
40.  {
41.      a ++; /*Tool should detect this line as error*/ /*ERROR:
             Unintentional end less loop*/
42.  }
43.  ret = a;
44.      sink = ret;
45.}
```

上述代码的第 39 行使用 for 语句进行循环操作，且在 for 语句中省略了循环控制变量，在 for 循环体中也没有对循环控制变量进行更新，从而导致死循环的发生，因此存在不当的循环终止问题。

2）修复代码

```
38.void endless_loop_002 ()
39.{
40.  int ret;
41.  int a = 0;
42.  int i;
43.  for (i = 0; i < 10; )
44.  {
45.      a ++;
46.      i ++; /*Tool should Not detect this line as error*/ /*No
             ERROR:Unintentional end less loop*/
47.  }
48.  ret = a;
49.      sink = ret;
50.}
```

上述修复代码的第 46 行使用 i++;语句对循环控制变量进行更新，当循环满足 i<10 时循环退出，从而避免了死循环问题。

4.8.4 如何避免不当的循环终止

（1）在使用循环操作时，设定正确的循环条件。

（2）在循环体中，满足循环条件的情况下也可以通过执行 break、return 等语句终止循环。

4.9 双重检查锁定

4.9.1 双重检查锁定的概念

在程序开发中，有时需要推迟一些高开销的对象初始化操作，只有在使用这些对象时才进行初始化，此时可以采用双重检查锁定来延迟对象初始化操作。双重检查锁定是设计用来减少并发系统中竞争和同步开销的一种软件设计模式，在普通单例模式的基础上，先判断对象是否已经被初始化，再决定要不要加锁。尽管双重检查锁定解决了普通单例模式的在多线程环境中易出错和线程不安全的问题，但仍然会存在一些隐患。本节分析双重检查锁定产生的原因、危害以及修复方法。

4.9.2 双重检查锁定的危害

双重检查锁定在单线程环境中并无影响，在多线程环境下，由于线程随时会相互切换执行，在指令重排的情况下，对象未实例化完全，导致程序调用出错。

4.9.3 实例代码

本节使用实例的完整源代码可参考本书配套资源文件夹，源文件名：CWE609_Double_Checked_Locking__Servlet_01.java。

1）缺陷代码

```
19.    /* Bad() - Use of Double Checked Locking */
20.    private static String stringBad = null;
```

```
21.
22.     /* FLAW: Insufficient "Double-Checked Locking" in this
        method - in certain circumstances, this can lead to
        stringBad being initialized twice.
23.     * See http://www.cs.umd.edu/~pugh/java/memoryModel/
        DoubleCheckedLocking.html for details. */
24.     public static String helperBad()
25.     {
26.         if (stringBad == null)
27.         {
28.             synchronized(CWE609_Double_Checked_Locking__
                Servlet_01.class)
29.             {
30.                 if (stringBad == null)
31.                 {
32.                     stringBad = "stringBad";
33.                 }
34.             }
35.         }
36.         return stringBad;
37.     }
```

上述代码的目的是先判断 stringBad 是否为 null，若不是，则直接返回该 String 对象，这样避免了进入 synchronized 块所需要花费过多的资源。

当 stringBad 为 null 时，使用 synchronized 关键字在多线程环境中避免多次创建 String 对象。在代码实际运行时，以上代码仍然可能发生错误。对于第 32 行，创建 stringBad 对象和赋值操作是分两步执行的。但 JVM 不保证这两个操作的先后顺序。当指令重排序后，JVM 会先赋值指向内存地址，然后再初始化 stringBad 对象。如果此时存在两个线程，那么两个线程同时进入第 26 行。线程 1 首先进入 synchronized 块，由于 stringBad 为 null，因此它执行了第 32 行。当 JVM 对指令进行了重排序，先分配实例的空白内存，并赋值给 stringBad，但这时 stringBad 对象还未实例化，然后线程 1 离开 synchronized 块。当线程 2 进入 synchronized 块时，由于此时 stringBad 不是 null，因此直接返回未被实例化的对象（仅有内存地址值，对象实际未初始化）。后续线程 2 调用程序对 stringBad 对象进行操作时，此时的对象未被初始化，于是错误发生。

2）修复代码

```
19.     /* Bad() - Use of Double Checked Locking */
20.     private volatile static String stringBad = null;
21.
22.     /* FLAW: Insufficient "Double-Checked Locking" in this
        method - in certain circumstances, this can lead to
        stringBad being initialized twice.
23.     * See http://www.cs.umd.edu/~pugh/java/memoryModel/
        DoubleCheckedLocking.html for details. */
24.     public static String helperBad()
25.     {
26.         if (stringBad == null)
27.         {
28.             synchronized(CWE609_Double_Checked_Locking__
                Servlet_01.class)
29.             {
30.                 if (stringBad == null)
31.                 {
32.                     stringBad = "stringBad";
33.                 }
34.             }
35.         }
36.         return stringBad;
37.     }
```

上述修复代码的第 20 行使用 volatile 关键字来对单例变量 stringBad 进行修饰。volatile 作为指令关键字确保指令不会因编译器的优化而省略，且要求每次直接读取值。

由于编译器优化，代码在实际执行时可能与我们编写的顺序不同。编译器只保证程序执行结果与源代码相同，却不保证实际指令的顺序与源代码相同，在单线程环境中并不会出错，然而一旦引入多线程环境，这种乱序就可能导致严重问题。volatile 关键字就可以从语义上解决这个问题，值得关注的是，volatile 的禁止指令重排序优化功能在 Java 1.5 之后才得以实现，因此 Java 1.5 之前的版本仍然是不安全的。

4.9.4 如何避免双重检查锁定

（1）使用 volatile 关键字避免指令重排序，但这个解决方案需要使用 JDK 5 或之后的版本，因为从 JDK 5 开始使用新的 JSR-133 内存模型规范，这个规范增强了 volatile 的语义。

（2）基于类初始化的解决方案，Java 语言规范规定，对于每个类或者接口，都有唯一的一个初始化锁与之对应。在多线程环境下，只有一个线程能够获取这个锁并执行类的初始化，其他线程需要等待获取这个锁，这样就能保证线程安全的类的初始化。

4.10 未初始化值用于赋值操作

4.10.1 未初始化值用于赋值操作的概念

局部、自动变量存储在栈中，如果没有对其进行初始化，那么默认值为当前存储在栈内存中的值，此外，一些动态的内存分配方法也可能不会对申请的内存进行初始化。例如，malloc()函数、aligned_alloc()函数等，没有对变量进行初始化就进行赋值操作，可能触发非预期的行为。本节分析未初始化值用于赋值操作产生的原因、危害以及修复方法。

4.10.2 未初始化值用于赋值操作的危害

未初始化的自动变量或动态分配内存都拥有不确定的值，程序在使用这些不确定的值时可能会触发非预期的行为，甚至可能会存在被恶意攻击的严重隐患。CVE 中也有一些与之相关的漏洞信息，如表 4-9 所示。

表 4-9　与未初始化值用于赋值操作相关的漏洞信息

漏洞编号	漏洞概述
CVE-2018-8627	Microsoft Excel 中存在由于未初始化变量导致的读取越界内存漏洞。攻击者可借助特制的文件，利用该漏洞查看越界内存
CVE-2018-8378	Microsoft Office 中存在由于未初始化变量导致的读取越界内存漏洞。远程攻击者可利用该漏洞查看边界之外的内存
CVE-2018-3975	Atlantis Word Processor 3.2.6 的 RTF 解析功能存在未初始化变量漏洞。攻击者可借助特制的 RTF 文件，利用该漏洞执行代码（越界写入）
CVE-2018-14551	ImageMagick 7.0.8-7 的 coders/mat.c 文件中的 ReadMATImageV4() 函数存在安全漏洞。该漏洞源于程序未初始化变量，攻击者可利用该漏洞造成内存损坏
CVE-2020-1322	Microsoft Project 中存在信息泄露漏洞。该漏洞源于程序未初始化变量，攻击者可通过诱使用户打开特制文件，利用该漏洞查看包含敏感信息的内存

4.10.3　实例代码

本节使用实例的完整源代码可参考本书配套资源文件夹，源文件名：CWE758_Undefined_Behavior__char_malloc_use_01.c。

1）缺陷代码

```
20. void CWE758_Undefined_Behavior__char_malloc_use_01_bad()
21. {
22.     {
23.         char * pointer = (char *)malloc(sizeof(char));
24.         if (pointer == NULL) {exit(-1);}
25.         char data = *pointer; /* FLAW: the value pointed to by
                pointer is undefined */
26.         free(pointer);
27.         printHexCharLine(data);
28.     }
29. }
```

上述代码的第 23 行使用 malloc() 函数进行内存分配，但并未进行初始化。随后在第 24 行对分配是否成功进行了判断，当分配失败时，程序退出。在第 25 行将 pointer 指针指向的内存存储的值赋值给 data，但此时 pointer 指针并未被赋值，其指向的内存也是未定义的。因此存在未初始化值用于赋值操作问题。

2）修复代码

```
35.static void good1()
36.{
37.    {
38.        char data;
39.        char * pointer = (char *)malloc(sizeof(char));
40.        if (pointer == NULL) {exit(-1);}
41.        data = 5;
42.        *pointer = data; /* FIX: Assign a value to the thing
                pointed to by pointer */
43.        {
44.            char data = *pointer;
45.            printHexCharLine(data);
46.        }
47.        free(pointer);
48.    }
49.}
```

上述修复代码的第 42 行对指针 pointer 进行赋值，从而避免了未初始化值用于赋值操作问题。

4.10.4 如何避免未初始化值用于赋值操作

检查代码逻辑，避免将未初始化的值直接赋值给其他变量，另外也可以对变量的声明采取默认初始化的策略。

4.11 参数未初始化

4.11.1 参数未初始化的概念

变量如果没有进行初始化，其默认值是不确定的。在调用函数时，如果使用了未初始化的参数作为函数参数，那么可能会在函数的内部造成未初始化变量的直接使用，进而触发非预期的行为。本节分析参数未初始化产生的原因、危害以及修复方法。

4.11.2 参数未初始化的危害

未初始化的变量拥有不确定的值,当这个不确定的值作为参数传入函数中时,可能会触发非预期的行为,甚至出现缓冲区溢出、执行任意代码等严重隐患。CVE 中也有一些与之相关的漏洞信息,如表 4-10 所示。

表 4-10 与参数未初始化相关的漏洞信息

漏 洞 编 号	漏 洞 概 述
CVE-2019-7321	Artifex MuPDF 1.14 的 fz_load_jpeg 中使用未初始化的变量,导致缓冲区溢出漏洞。攻击者可利用该漏洞执行任意代码
CVE-2019-12730	FFmpeg 3.2.14 之前的版本和 4.1.4 之前的 4.x 版本的 libavformat/aadec.c 文件中的 aa_read_header()函数没有对 sscanf ()函数进行检测,导致允许使用未使用的变量。攻击者可利用该漏洞绕过安全检查
CVE-2020-6078	Libmicrodns 0.1.0 使用了一个未初始化的变量,从而导致空指针解引用,使服务崩溃。攻击者可以利用该漏洞发送一系列 mDNS 消息

4.11.3 实例代码

本节使用实例的完整源代码可参考本书配套资源文件夹,源文件名:CWE457_Use_of_Uninitialized_Variable__char_pointer_01.c。

1) 缺陷代码

```
24.void CWE457_Use_of_Uninitialized_Variable__char_pointer_
   01_bad()
25.{
26.    char * data;
27.    /* POTENTIAL FLAW: Don't initialize data */
28.    /* empty statement needed for some flow variants */
29.    /* POTENTIAL FLAW: Use data without initializing it */
30.    printLine(data);
31.}
```

上述代码的第 26 行对变量 data 进行定义,但没有进行初始化。随后在第 30 行将 data 作为 printLine()函数的参数传入,由于此时 data 并没有初始化,其值也是未定义的,因此存在参数未初始化问题。

2）修复代码

```
48.static void goodB2G()
49.{
50.    char * data;
51.    /* POTENTIAL FLAW: Don't initialize data */
52.    /* empty statement needed for some flow variants */
53.    /* FIX: Ensure data is initialized before use */
54.    data = "string";
55.    printLine(data);
56.}
```

上述修复代码的第 54 行对 data 进行赋值，从而避免了参数未初始化问题。

4.11.4　如何避免参数未初始化

检查代码逻辑，避免函数参数使用未初始化的值，另外也可以对变量的声明采取默认初始化的策略。

4.12　返回值未初始化

4.12.1　返回值未初始化的概念

在函数返回语句中，如果将未初始化变量返回，而函数的调用方对该返回值进行了使用，那么会因使用的变量未初始化，而造成程序运行时出现意料之外的行为。本节分析返回值未初始化产生的原因、危害以及修复方法。

4.12.2　返回值未初始化的危害

返回值未初始化的危害取决于函数调用方对未初始化返回值的使用，通常会触发非预期的程序行为。

4.12.3 实例代码

本节使用实例的完整源代码可参考本书配套资源文件夹，源文件名：uninit_var.c。

1) 缺陷代码

```
69.int uninit_var_005_func_001 (void)
70.{
71.    int ret;
72.    if (0)
73.        ret = 1;
74.    return ret;/*Tool should detect this line as error*/
       /*ERROR:Uninitialized Variable*/
75.}
```

上述代码的第 71 行声明 int 类型变量 ret，但没有进行初始化。在第 72 行通过 if 语句进行条件判断，在条件成立的情况下，为 ret 赋值为 1。在第 74 行通过 return 语句返回。由于 if(0)恒为 false，因此 ret 不会被赋值。当在第 74 行进行返回时，返回值是未初始化的，因此存在返回值未初始化问题。

2) 修复代码

```
76.int uninit_var_005_func_001 (void)
77.{
78.    int ret;
79.    if (1)
80.        ret = 1;
81.    return ret; /*Tool should not detect this line as error*/
       /*No ERROR:Uninitialized Variable*/
82.}
```

上述修复代码的第 79 行修改 if 条件语句，对 ret 进行赋值。当在第 81 行进行返回时，ret 已经被赋值，从而避免了返回值未初始化问题。

4.12.4 如何避免返回值未初始化

（1）在进行变量声明时应考虑对其进行初始化，或采用默认初始化的策略。

（2）使用源代码静态分析工具进行自动化的检测，可以有效发现源代码中的返回值未初始化问题。

4.13 Cookie：未经过 SSL 加密

4.13.1 Cookie：未经过 SSL 加密的概念

Cookie：未经过 SSL 加密指在创建 Cookie 时未将 secure 标记设置为 true，那么通过未加密的通道发送 Cookie，将使其受到网络劫取攻击。如果设置了该标记，那么浏览器只会通过 HTTPS 发送 Cookie，可以确保 Cookie 的保密性。本节分析 Cookie：未经过 SSL 加密产生的原因、危害以及修复方法。

4.13.2 Cookie：未经过 SSL 加密的危害

攻击者可以利用 Cookie：未经过 SSL 加密缺陷窃取或操纵客户会话和 Cookie，它们可能被用于模仿合法用户，从而使攻击者能够以该用户身份查看或变更用户记录及执行事务。CVE 中也有一些与之相关的漏洞信息，如表 4-11 所示。

表 4-11 与 Cookie：未经过 SSL 加密相关的漏洞信息

漏洞编号	漏洞概述
CVE-2020-4966	IBM Security Identity Governance and Intelligence 5.2.6 未在授权令牌或 Cookie 上设置安全属性。攻击者可以通过向用户发送链接或将该链接植入用户访问站点的方式来获取 Cookie 值。Cookie 将被发送到不安全的链接，攻击者可以通过监听流量来获取 Cookie 值
CVE-2020-27651	Synology Router Manager 1.2.4-8081 之前版本并未在 HTTPS 会话中为会话 Cookie 设置安全标志，这使远程攻击者更容易通过拦截 HTTPS 会话传输来捕获此 Cookie
CVE-2018-5482	NetApp SnapCenter Server 4.1 之前版本没有在 HTTPS 会话中为敏感 Cookie 设置安全标志，因此 Cookie 通过未加密的通道，以纯文本形式传输
CVE-2018-1948	IBM Security Identity Governance and Intelligence 5.2 至 5.2.4.1 版本的 Virtual Appliance 未在授权令牌或 Cookie 上设置安全属性。攻击者可以通过向用户发送链接或将该链接植入用户访问站点的方式来获取 Cookie 值。Cookie 将被发送到不安全的链接，攻击者可以通过监听流量来获取 Cookie 值
CVE-2018-1340	Apache Guacamole 1.0.0 之前版本使用 Cookie 在客户端存储用户会话令牌。此 Cookie 缺少安全标志。若对同一域发出未加密的 HTTP 请求，则可能导致攻击者窃听网络，从而拦截用户的会话令牌

4.13.3 实例代码

本节使用实例的完整源代码可参考本书配套资源文件夹，源文件名：JWTVotesEndpoint.java。

1）缺陷代码

```
67.@GetMapping("/login")
68.public void login(@RequestParam("user") String user,
   HttpServletResponse response) {
69. if (validUsers.contains(user)) {
70.    Claims claims = Jwts.claims().setIssuedAt(Date.from
       (Instant.now().plus(Duration.ofDays(10))));
71.    claims.put("admin", "false");
72.    claims.put("user", user);
73.    String token = Jwts.builder()
74.            .setClaims(claims)
75.            .signWith(io.jsonwebtoken.SignatureAlgorithm
               .HS512, JWT_PASSWORD)
76.            .compact();
77.    Cookie cookie = new Cookie("access_token", token);
78.    response.addCookie(cookie);
79.    response.setStatus(HttpStatus.OK.value());
80.    response.setContentType(MediaType.APPLICATION_
       JSON_VALUE);
81. } else {
82.    Cookie cookie = new Cookie("access_token", "");
83.    response.addCookie(cookie);
84.    response.setStatus(HttpStatus.UNAUTHORIZED.value());
85.    response.setContentType(MediaType.APPLICATION_JSON_
       VALUE);
86. }
87.}
```

上述代码的目的是判断登录用户是否为指定用户，如果是指定用户，那么生成一个加密的 Token 作为 Cookie 的值。在第 69 行判断用户是否为指定用户，如果是，那么在第 70~72 行声明一个指定签发时间的自定义属性 claims，并在

claims 中设置属性，user 的属性值为变量 user，admin 的属性值为 false。在第 73～76 行生成一个 Token，并赋值给 token。在第 77 行创建一个名称为 access_token，值为 token 的 Cookie 对象。在第 78 行将该 Cookie 对象放入 response 中。如果不是指定用户，那么创建一个名称为 access_token，值为空字符串的 Cookie 对象。如果应用程序同时使用 HTTPS 和 HTTP，但没有设置 secure 标记，那么在 HTTPS 请求过程中发送的 Cookie 也会在随后的 HTTP 请求过程中被发送。通过未加密的连接网络传输敏感信息可能会危及应用程序安全。

2）修复代码

```
67.@GetMapping("/login")
68.public void login(@RequestParam("user") String user,
   HttpServletResponse response) {
69. if (validUsers.contains(user)) {
70.     Claims claims = Jwts.claims().setIssuedAt(Date.from
            (Instant.now().plus(Duration.ofDays(10))));
71.     claims.put("admin", "false");
72.     claims.put("user", user);
73.     String token = Jwts.builder()
74.             .setClaims(claims)
75.             .signWith(io.jsonwebtoken.SignatureAlgorithm
                .HS512, JWT_PASSWORD)
76.             .compact();
77.     Cookie cookie = new Cookie("access_token", token);
78.     cookie.setSecure(true);
79.     response.addCookie(cookie);
80.     response.setStatus(HttpStatus.OK.value());
81.     response.setContentType(MediaType.APPLICATION_JSON_VALUE);
82. } else {
83.     Cookie cookie = new Cookie("access_token", "");
84.     cookie.setSecure(true);
85.     response.addCookie(cookie);
86.     response.setStatus(HttpStatus.UNAUTHORIZED.value());
```

```
87.        response.setContentType(MediaType.APPLICATION_JSON_VALUE);
88.    }
89.}
```

上述修复代码将 Cookie 的 secure 标记设置为 true，保证通过 HTTPS 发送 Cookie。

4.13.4　如何避免 Cookie：未经过 SSL 加密

为 Cookie 设置 secure 标记，要求浏览器通过 HTTPS 发送 Cookie，有助于保证 Cookie 值的保密性。

4.14　邮件服务器建立未加密的连接

4.14.1　邮件服务器建立未加密的连接的概念

当程序开发需要构建邮件和消息应用程序时，需要保证邮件通信数据的保密性和数据内容的完整性。如果在未加密的情况下建立邮件服务连接，那么攻击者可能会拦截网络通信数据并进行数据篡改，或者将传输的数据备份，以获取用户网络活动信息，包括账户、密码等敏感信息，而进行通信的双方却毫不知情。本节分析邮件服务器建立未加密的连接产生的原因、危害以及修复方法。

4.14.2　邮件服务器建立未加密的连接的危害

攻击者可利用该漏洞对网络数据进行劫取，通过修改邮件内容，在其中植入钓鱼链接，诱骗用户输入机密数据，如信用卡卡号、账户名、口令等。CVE 中也有一些与之相关的漏洞信息，如表 4-12 所示。

表 4-12　与邮件服务器建立未加密的连接相关的漏洞信息

漏洞编号	漏洞概述
CVE-2021-1129	Cisco 电子邮件安全设备、内容安全管理设备和网络安全设备的通用 API 在实现身份验证时存在漏洞。该漏洞可能允许未经身份验证的远程攻击者从受影响的设备获取系统和配置信息，从而导致未经授权的信息泄露

（续表）

漏洞编号	漏洞概述
CVE-2020-8275	适用于 Android 20.11.0 之前版本的 Citrix Secure Mail 存在访问控制不当问题，允许未经身份验证的访问读取存储在 Secure Mail 中的日历数据
CVE-2018-11338	Intuit Lacerte 2017 for Windows 在客户端和服务器环境中通过 SMB 以明文形式传输整个客户列表，允许攻击者通过嗅探网络获取敏感信息或通过未指定的载体进行中间人（MITM）攻击。客户列表包含每个客户的姓名、社会安全号码（SSN）、地址、职位、电话号码、电子邮件地址，以及其配偶的电话号码和电子邮件地址，或其他敏感信息。客户端软件对服务器数据库进行身份验证后，服务器会发送客户列表

4.14.3 实例代码

本节使用实例的完整源代码可参考本书配套资源文件夹，源文件名：SendMail.java。

1）缺陷代码

```
75.public void initSession(String s) throws Exception {
76. host = s;
77. Properties properties = System.getProperties();
78. properties.put("mail.smtp.host", host);
79. properties.put("mail.transport.protocol", "smtp");
80. session = Session.getDefaultInstance(properties, null);
81. session.setDebug(sessionDebug);
82. msg = new MimeMessage(session);
83. msg.setSentDate(new Date());
84. multipart = new MimeMultipart();
85. msg.setContent(multipart);
86.}
```

上述代码的目的是进行发送邮件的初始化操作。在第 77 行声明了一个 Properties 对象，用于连接邮件服务器的参数配置，在第 78 行设置发件人邮箱的 smtp 服务器地址，在第 79 行使用 smtp 协议作为邮件发送协议，在第 80 行根据配置创建会话对象，用于和邮件服务器交互，在第 81 行将会话设置为 Debug 模式，可以查看程序发送 E-mail 的运行状态，在第 82~83 行创建邮件对象并设置发件时间，在第 84 行使用 MimeMultipart 对象添加邮件的各部分内容，包括文本内容和附件，在第 85 行将 multipart 设置为邮件的内容。由于在创建并使用邮件服务的过程中使用了未加密的连接，因此恶意攻击者可能通过拦截网络通信读取并修改信息。

2）修复代码

```
75.public void initSession(String s) throws Exception {
76.    host = s;
77.    Properties properties = System.getProperties();
78.    properties.put("mail.smtp.host", host);
79.    properties.put("mail.transport.protocol", "smtp");
80.    properties.put("mail.smtp.ssl.enable", "true");
81.    session = Session.getDefaultInstance(properties, null);
82.    session.setDebug(sessionDebug);
83.    msg = new MimeMessage(session);
84.    msg.setSentDate(new Date());
85.    multipart = new MimeMultipart();
86.    msg.setContent(multipart);
87.}
```

上述修复代码的第 80 行将 SSL 的可用性设置为 true，则在默认情况下将使用 SSL 连接并使用 SSL 端口。使用 SSL 连接可以为网络通信提供安全保障，确保数据完整性。

4.14.4　如何避免邮件服务器建立未加密的连接

使用 SSL/TLS 对通过网络发送的所有数据进行加密，或者将现有的未加密连接升级到 SSL/TLS。

4.15　不安全的 SSL：过于广泛的信任证书

4.15.1　不安全的 SSL：过于广泛的信任证书的概念

证书颁发机构（CA）为每个公开密钥发放一个数字证书，证书对于通用网络通信工具是必需的。但随着盗用证书颁发机构数量的增加，即使通用网络通信工具有 CA 签名的证书，仍可能存在潜在安全隐患。在程序中，若使用了默认接收由 CA 颁发的证书而屏蔽了安全校验逻辑，则盗用证书的攻击者可能会拦截这些 CA 的 SSL/TLS 信息流进行中间人攻击。本节分析不安全的 SSL：过于广泛的信任证书产生的原因、危害以及修复方法。

4.15.2 不安全的 SSL：过于广泛的信任证书的危害

恶意证书的使用可能导致欺骗或重定向攻击。CVE 中也有一些与之相关的漏洞信息，如表 4-13 所示。

表 4-13 与不安全的 SSL：过于广泛的信任证书相关的漏洞信息

漏洞编号	漏洞概述
CVE-2020-5812	Nessus AMI 8.12.0 及之前版本存在未验证或错误验证证书问题。该证书可能允许攻击者使用中间人攻击来欺骗受信任的实体
CVE-2019-13050	SKS-Keyserver 代码通过 SKS 1.2.0 密钥服务器网络与 GnuPG 2.2.16 交互，使得 GnuPG 密钥服务器配置引用 SKS 密钥服务器网络上的主机。由于受到垃圾邮件攻击，因此从此网络检索数据可能导致持续拒绝服务
CVE-2018-10936	postgresql-jdbc 42.2.5 之前版本存在安全漏洞。若未向驱动程序提供主机名验证程序，则可以提供 SSL 工厂而不检查主机名。这可能导致攻击者可以为错误的主机提供证书，使其伪装成可信服务器

4.15.3 实例代码

本节使用实例的完整源代码可参考本书配套资源文件夹，源文件名：MainActivity.java。

1）缺陷代码

```
22. url = new URL("https://www.myServer.com");
23. URLConnection urlConnection = url.openConnection();
24. BufferedReader reader = new BufferedReader(new
    InputStreamReader
25. (urlConnection.getInputStream()));
26. String line = null;
27. while ((line = reader.readLine()) != null)
```

```
28. document.append(line);
29. reader.close();
```

上述代码的目的是建立 URL 连接并读取连接的输入流数据。在第 22 行按照字符串的内容创建 URL 对象，在第 23 行调用 openConnection()方法返回一个 URLConnection 实例，该实例表示 URL 引用的远程对象连接，在第 24~29 行读取连接的输入流内容。代码中使用默认的 URLConnection 建立 SSL/TLS 连接，URLConnection 所使用的 SSLSocketFactory 未进行处理，它对 Android 默认密钥库中存在的所有 CA 签名证书全部信任。

2）修复代码

```
29. SSLContext sslContext = SSLContext.getInstance("TLS");
30. sslContext.init(null, null, new SecureRandom());
31. url = new URL("https://www.myServer.com");
32. HttpsURLConnection httpsURLConnection = (HttpsURLConnection)
    url.openConnection();
33. httpsURLConnection.setSSLSocketFactory(sslContext.
    getSocketFactory());
34. InputStream inputStream = httpsURLConnection.
    getInputStream();
35. BufferedReader reader = new BufferedReader(new
    InputStreamReader(inputStream));
36. String line = null;
37. while ((line = reader.readLine()) != null)
38. document.append(line);
39. reader.close();
```

上述修复代码的第 29 行返回指定为 TLS 协议的安全套接字对象 sslContext，在第 30 行初始化 sslContext 对象，在第 33 行设置连接对象的套接字工厂为基于 TLS 协议的安全套接字工厂。以上操作使用了基于安全套接字的类，借助这些类可以使用相关的安全协议进行通信，能可靠地检测网络字节流中的错误，并且可以选择对数据进行加密或对通信进行身份验证。

4.15.4 如何避免不安全的 SSL：过于广泛的信任证书

避免直接使用默认的 URLConnection 建立 SSL/TLS 连接，建议使用 HttpsURLConnection 进行替代，并对证书进行判断和处理。

4.16 Spring Boot 配置错误：不安全的 Actuator

4.16.1 Spring Boot 配置错误：不安全的 Actuator 的概念

Actuator 是针对 Spring Boot 应用监控和管理建立的一个模块，用于对 Spring Boot 应用进行健康检查、审计、应用运行状况收集和 HTTP 追踪等。Actuator 中预置了许多内置端点，用于显示应用程序的监控信息。当 Actuator 配置不当时，攻击者可以通过访问默认的内置端点轻易获得应用程序的敏感信息。本节分析 Spring Boot 配置错误：不安全的 Actuator 产生的原因、危害以及修复方法。

4.16.2 Spring Boot 配置错误：不安全的 Actuator 的危害

在 Actuator 启用的情况下，如果没有做好相关权限控制，那么攻击者可以通过访问默认的执行器端点来获取应用系统中的监控信息。部分内置端点如表 4-14 所示。

表 4-14 部分内置端点

ID	描 述
auditevents	显示应用暴露的审计事件（如认证进入、订单失败）
info	显示应用的基本信息
env	显示全部环境属性
health	报告应用程序的健康指标，这些值由 HealthIndicator 的实现类提供
loggers	显示和修改配置的 loggers
mappings	描述全部的 URI 路径，以及它们和控制器（包含 Actuator 端点）的映射关系
shutdown	关闭应用程序，要求将 endpoints.shutdown.enabled 设置为 true
trace	提供基本的 HTTP 请求跟踪信息（时间戳、HTTP 头等）

4.16.3 实例代码

本节使用实例的完整源代码可参考本书配套资源文件夹,源文件名:application.properties。

1)缺陷代码

```
14.logging.level.org.springframework=INFO
15.logging.level.org.springframework.boot.devtools=WARN
16.logging.level.org.owasp=DEBUG
17.logging.level.org.owasp.webwolf=TRACE
18.
19.endpoints.trace.sensitive=false
```

上述配置属性是对内置端点 trace 进行授权配置,设置为 false 指不需要授权就可以访问内置端点 trace。访问内置端点 trace 时不需要特别授权,攻击者可以轻易获得基本的 HTTP 请求跟踪信息(时间戳、HTTP 头等),还有用户的 token、cookie 字段。

2)修复代码

```
14.logging.level.org.springframework=INFO
15.logging.level.org.springframework.boot.devtools=WARN
16.logging.level.org.owasp=DEBUG
17.logging.level.org.owasp.webwolf=TRACE
18.
19.endpoints.trace.sensitive=true
```

上述修复代码将内置端点 trace 进行授权配置为 true,保证访问内置端点 trace 是经过授权的。

4.16.4 如何避免 Spring Boot 配置错误:不安全的 Actuator

Spring Boot 也提供了安全限制功能。例如,若要禁用 trace 端点,则可进行如下设置:

```
endpoints.trace.enabled= false
```

如果只想打开一两个接口,那么就先禁用全部接口,然后启用需要的接口:

```
endpoints.enabled = false
endpoints.metrics.trace= true
```

另外，也可以引入 spring-boot-starter-security 依赖：

```
<dependency>
<groupId>org.springframework.boot</groupId>
    <artifactId>spring-boot-starter-security</artifactId>
</dependency>
```

4.17 未使用的局部变量

4.17.1 未使用的局部变量的概念

在代码段中声明了一个局部变量，但是该局部变量从未被使用，从而产生未使用的局部变量错误。本节分析未使用的局部变量产生的原因、危害以及修复方法。

4.17.2 未使用的局部变量的危害

未使用的局部变量通常不会导致严重的安全问题，造成未使用的局部变量的原因很可能是一个编码错误。

4.17.3 实例代码

本节使用实例的完整源代码可参考本书配套资源文件夹，源文件名：CWE563_Unused_Variable__unused_init_variable_char_33.cpp。

1）缺陷代码

```
26.void bad()
27.{
28.    char data;
29.    char &dataRef = data;
30.    /* POTENTIAL FLAW: Initialize, but do not use data */
31.    data = 'C';
32.    {
33.        char data = dataRef;
34.        /* FLAW: Do not use the variable */
```

```
35.        /* do nothing */
36.        ; /* empty statement needed for some flow variants */
37.    }
38.}
```

上述代码的第 33 行声明了一个局部变量 data，但是直到第 38 行函数结束从未被使用，因此存在未使用的局部变量问题。

2）修复代码

```
45.static void goodB2G()
46.{
47.    char data;
48.    char &dataRef = data;
49.    /* POTENTIAL FLAW: Initialize, but do not use data */
50.    data = 'C';
51.    {
52.        char data = dataRef;
53.        /* FIX: Use data */
54.        printHexCharLine(data);
55.    }
56.}
```

上述修复代码的第 54 行对变量 data 进行使用，从而避免了未使用的局部变量问题。这是一种处理方式，当然也可以根据实际代码逻辑与功能，删除未使用的局部变量。

4.17.4 如何避免未使用的局部变量

审查代码逻辑，确认未使用的局部变量的实际用途，从而添加对应代码，或移除未使用的局部变量。

4.18 死代码

4.18.1 死代码的概念

程序中从来不被执行的代码称为死代码，死代码提示程序中可能存在逻辑错误，进而导致非预期的程序行为。本节分析死代码产生的原因、危害以及修复方法。

4.18.2 死代码的危害

死代码属于程序编码错误，一般不会导致严重的安全问题，编程人员需要确定为什么这段代码永远不会执行，并正确解决这个问题。

4.18.3 实例代码

本节使用实例的完整源代码可参考本书配套资源文件夹，源文件名：CWE561_Dead_Code__return_before_code_01.c。

1）缺陷代码

```
10.void CWE561_Dead_Code__return_before_code_01_bad()
11.{
12.    return;
13.    /* FLAW: code after the 'return' */
14.    printLine("Hello");
15.}
```

上述代码的第 12 行通过 return;语句返回，因此第 14 行的 printLine("Hello");语句永远不会被执行，存在死代码问题。

2）修复代码

```
21.static void good1()
22.{
23.    /* FIX: Put code prior to return, or omit it */
24.    printLine("Hello");
25.    return;
26.}
```

上述修复代码进行了代码逻辑的调整，在执行完第 24 行的 printLine("Hello");后，再通过 return;返回，从而避免了死代码问题，也可根据实际情况和需要删除死代码。

4.18.4 如何避免死代码

编程人员需要根据代码逻辑，判断为什么会出现死代码，并根据实际情况调整代码逻辑，或者删除死代码。

4.19 函数调用时参数不匹配

4.19.1 函数调用时参数不匹配的概念

在函数调用时，传入函数的参数类型应与函数声明时相匹配，否则会存在函数调用时参数不匹配问题。本节分析函数调用时参数不匹配产生的原因、危害以及修复方法。

4.19.2 函数调用时参数不匹配的危害

在函数调用时，如果将参数隐式或显式地转换为一个较小的数据类型时，会导致数据的精度丢失。造成函数调用时参数不匹配的原因很可能是一个编码错误。

4.19.3 实例代码

本节使用实例的完整源代码可参考本书配套资源文件夹，源文件名：wrong_arguments_func_pointer.c。

1）缺陷代码

```
102.char wrong_arguments_func_pointer_004_func_001 (char *p)
103.{
104.    return (*p);
105.}
106.
107.void wrong_arguments_func_pointer_004 ()
108.{
109.    char (*func)(float);
```

```
110.    char ret;
111.    float a =20.5;
112.    func = (char (*)(float ))wrong_arguments_func_pointer_
        004_func_001;
113.    ret = func(a);/*Tool should detect this line as
        error*//*ERROR:Wrong arguments passed to a function
        pointer*/
114.
115.}
```

上述代码的第 102 行对函数 wrong_arguments_func_pointer_004_ func_001 进行声明，函数包含一个参数 char *p，在第 113 行对该函数进行调用并传入 float 类型参数 a（变量 a 在第 111 行定义），函数需要的参数类型为 char *，但实际传入的参数类型为 float，因此存在函数调用时参数不匹配问题。

2）修复代码

```
102.char wrong_arguments_func_pointer_004_func_001 (char *p)
103.{
104.    return (*p);
105.}
106.
107.void wrong_arguments_func_pointer_004 ()
108.{
109.    char (*func)(char*);
110.    char buf[10] = "string";
111.    char ret;
112.    func = wrong_arguments_func_pointer_004_func_001;
113.    ret = func(buf); /*Tool should not detect this line as
        error*//*No ERROR:Wrong arguments passed to a function
        pointer*/
114.}
```

上述修复代码对传入函数的参数类型进行了修改，从而避免了函数调用时参数不匹配问题。

4.19.4 如何避免函数调用时参数不匹配

检查代码逻辑，确保调用函数使用的参数类型与函数声明时相匹配。

4.20 不当的函数地址使用

4.20.1 不当的函数地址使用的概念

误将函数地址当成函数、条件表达式、运算操作对象使用，甚至参与逻辑运算，会导致非预期的程序行为。例如，有如下 if 语句：

```
if (func == NULL)
```

其中，func()为程序中定义的一个函数。这里使用 func 而不是 func()，也就是使用了 func 的地址而不是函数的返回值，而函数的地址不等于 NULL，因此如果用函数地址与 NULL 进行比较，那么其条件判断将恒为 false。本节分析不当的函数地址使用产生的原因、危害以及修复方法。

4.20.2 不当的函数地址使用的危害

不当的函数地址使用可能会导致非预期的程序行为。例如，因条件永远不会被触发而出现的逻辑错误，因条件恒为真而导致的无限循环等，从而造成资源耗尽，出现拒绝服务攻击等。

4.20.3 实例代码

本节使用实例的完整源代码可参考本书配套资源文件夹，源文件名：CWE480_Use_of_Incorrect_Operator__basic_01.c。

1）缺陷代码

代码片段 1：

```
21.static char * helperBad()
22.{
```

```
23.     /* return NULL half the time and a pointer to our static
            string the other half */
24.     if(rand()%2 == 0)
25.     {
26.         return NULL;
27.     }
28.     else
29.     {
30.         return staticStringBad;
31.     }
32. }
```

代码片段 2：

```
49. void CWE480_Use_of_Incorrect_Operator__basic_01_bad()
50. {
51.     /* FLAW: This will never be true becuase the () was omitted.
52.        Also INCIDENTAL CWE 570 Expression Is Always False */
53.     if(helperBad == NULL)
54.     {
55.         printLine("Got a NULL");
56.     }
57. }
```

上述代码的第 53 行使用 helperBad==NULL 作为 if 语句的判断条件，其中 helperBad() 函数的定义在第 21 行，helperBad==NULL 操作导致 if 语句恒为 false，在第 55 行的 printLine() 函数将永远不会被执行，因此存在不当的函数地址使用问题。

2）修复代码

```
63. static void good1()
64. {
65.     /* FIX: add () to function call */
66.     if(helperGood() == NULL) /* this will sometimes be true
             (depending on the rand() in helperGood) */
67.     {
68.         printLine("Got a NULL");
```

```
69.    }
70. }
```

上述修复代码的第 66 行使用函数返回值替代函数地址进行条件判断，从而避免了不当的函数地址使用问题。

4.20.4　如何避免不当的函数地址使用

需要明确操作使用的是函数地址还是函数返回值，避免由于编码错误造成的函数地址的直接使用问题。

4.21　忽略返回值

4.21.1　忽略返回值的概念

一些函数具有返回值且返回值用于判断函数执行的行为，如判断函数是否执行成功。以 fgets()函数为例，其原型为：

```
char *fgets(char *buf, int bufsize, FILE *stream);
```

若函数执行成功，则返回第 1 个参数 buf；若函数执行发生错误，则返回 NULL。若没有对函数返回值进行检测，则当读取发生错误时，可能因为忽略异常和错误情况导致允许攻击者引入意料之外的行为。本节分析忽略返回值产生的原因、危害以及修复方法。

4.21.2　忽略返回值的危害

忽略返回值会导致未定义的行为，包括信息泄露、拒绝服务，甚至程序崩溃等。CVE 中也有一些与之相关的漏洞信息，如表 4-15 所示。

表 4-15　与忽略返回值相关的漏洞信息

漏洞编号	漏洞概述
CVE-2018-16643	ImageMagick 7.0.8-4 的 coders/dcm.c、coders/pwp.c、coders/cals.c 和 coders/pict.c 文件存在安全漏洞。该漏洞源于程序没有检查 fputc()函数的返回值。远程攻击者可借助特制的图像文件，利用该漏洞造成拒绝服务

(续表)

漏洞编号	漏洞概述
CVE-2018-20216	QEMU 的 hw/rdma/vmw/pvrdma_dev_ring.c 文件存在安全漏洞。该漏洞源于程序没有检查返回值
CVE-2019-9704	Vixie Cron 3.0pl1-133 之前版本存在输入验证漏洞。该漏洞源于程序未检查 calloc()函数的返回值。本地攻击者可借助较大的 crontab 文件，利用该漏洞造成拒绝服务（程序崩溃）
CVE-2019-12107	MiniUPnP MiniUPnPd 2.1 的 upnpevents.c 文件中的 upnp_event_prepare()函数由于没有对 snprintf()函数的返回值进行恰当的验证，因此导致信息泄露
CVE-2020-5359	Dell BSAFE Micro Edition Suite 4.5 之前版本存在安全漏洞。该漏洞源于程序没有检查返回值。未经身份验证的远程攻击者可利用该漏洞修改和破坏加密数据

4.21.3 实例代码

本节使用实例的完整源代码可参考本书配套资源文件夹，源文件名：CWE252_Unchecked_Return_Value__char_fgets_01.c。

1）缺陷代码

```
24.void CWE252_Unchecked_Return_Value__char_fgets_01_bad()
25.{
26.    {
27.        /* By initializing dataBuffer, we ensure this will not be the
28.         * CWE 690 (Unchecked Return Value To NULL Pointer)
           flaw for fgets() and other variants */
29.        char dataBuffer[100] = "";
30.        char * data = dataBuffer;
31.        printLine("Please enter a string: ");
32.        /* FLAW: Do not check the return value */
33.        fgets(data, 100, stdin);
34.        printLine(data);
35.    }
36.}
```

上述代码的第 33 行使用 fgets()函数从标准输入流中读取数据，但没有对 fgets()的返回值进行检测，因此存在忽略返回值问题。

2）修复代码

```
42. static void good1()
43. {
44.     {
45.         /* By initializing dataBuffer, we ensure this will not be the
46.          * CWE 690 (Unchecked Return Value To NULL Pointer) flaw for fgets() and other variants */
47.         char dataBuffer[100] = "";
48.         char * data = dataBuffer;
49.         printLine("Please enter a string: ");
50.         /* FIX: check the return value */
51.         if (fgets(data, 100, stdin) == NULL)
52.         {
53.             printLine("fgets failed!");
54.             exit(1);
55.         }
56.         printLine(data);
57.     }
58. }
```

上述修复代码的第 51 行对 fgets() 函数的返回值是否为 NULL 进行了判断，当返回值为 NULL 时程序终止，从而避免了忽略返回值问题。

4.21.4 如何避免忽略返回值

（1）对函数返回值进行恰当的判断，避免当函数执行异常时可能带来的风险。

（2）使用源代码静态分析工具进行自动化的检测，可以有效发现源代码中的忽略返回值问题。